29种超可爱的
婴儿鞋帽钩织

〔土〕库库克·塞夫德　著

陆　歆　译

河南科学技术出版社
·郑州·

目录

材料和工具

完成本书的作品需要如下材料和工具：
- 棉线、毛线
- 配件：纽扣、缎带、填充棉等
- 钩针：3/0号、3.5/0号、4.5/0号
- 其他工具：缝针、刺绣针、剪刀、布艺胶水等

要选择和线的粗细匹配的工具。
作品的尺寸是由使用的线和钩织的方式决定的。帽子的头围仅供参考。

作品介绍

大眼睛青蛙

帽子周长：30厘米

材料和工具
- 棉线/各1团：绿色（毛线帽）、白色（鞋子）
- 适量红色棉线
- 2个纽扣（或黑色珠子），直径1厘米（毛线帽的眼睛）
- 2个纽扣（或绿色珠子），直径1厘米（鞋子）
- 4个粘在鞋子上的眼睛
- 钩针3.5/0号（毛线帽）、3/0号（鞋子）
- 和线粗细匹配的缝针、刺绣针，剪刀、布艺胶水（任意）

技法
- 钩针：锁针、引拔针、短针、中长针、长针、2针长针并1针、3针长针并1针、1针放2针短针，参见图解
- 系绳：见p.110

鞋子的编织方法

注意： 使用3/0号钩针

左脚的鞋子
用白色线，钩织12针锁针起针。
第1圈： 1针锁针，在第1针锁针上钩3针短针，5针短针，2针中长针，3针长针，为了钩织另一边，在最后1针锁针上钩7针长针，随后在锁针链上钩3针长针，2针中长针，5针短针，在锁针链的第1针上钩2针短针，在最初的锁针上钩1针引拔针结束此圈。
第2~8圈： 参照图解钩织，剪线。

右脚的鞋子
和左脚的鞋子钩织方法相同，但需对称钩织。

青蛙的脸（2张）
用绿色线，钩织4针锁针起针。
第1圈： 1针锁针，3针短针，为了钩织另一边，在最后1针锁针上钩5针短针，随后在锁针链上钩2针短针，在锁针链第1针上钩4针短针，在最初的锁针上钩1针引拔针结束此圈。
第2~4圈： 参照图解钩织，剪线。钩2张同样的脸。（每只鞋子1张）

鞋子

左脚的鞋子
（钩针3/0号）

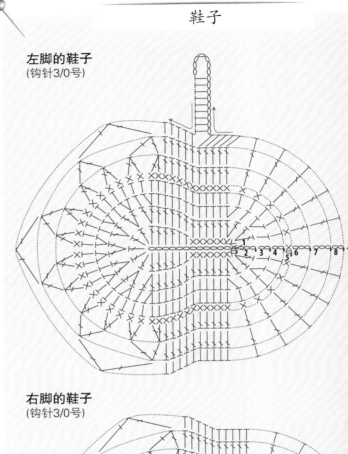

右脚的鞋子
（钩针3/0号）

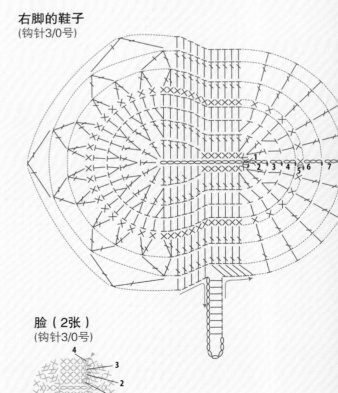

脸（2张）
（钩针3/0号）

白眼珠（4个）
用白色线，环形绕线起针。
第1圈：立织3针锁针（＝1针长针），9针长针，在最初的第3针锁针上钩1针引拔针结束此圈。剪线。
第2圈（绿色线）：加线，钩1针锁针，（1针短针，在随后1针上钩2针短针）重复5遍，在最初的锁针上钩1针引拔针结束此圈。剪线。
钩4个这样的白眼珠（每只鞋子2个）。

嘴（2张）
用红色线，钩4针锁针起针，钩1针引拔针连成环形。
第1圈：1针锁针，6针短针，在锁针上钩1针引拔针结束此圈。钩10针锁针，随后再钩4针锁针，在4针锁针的第1针上钩1针引拔针结束此圈。钩1针锁针，6针短针，钩1针引拔针结束此圈，剪线。钩2张同样的嘴。（每只鞋子1张）

组合

每只鞋子
藏好线头。
将眼睛粘在白眼珠的中央，将青蛙的脸粘在鞋面中央。将两个眼睛安在脸的最上边。
将嘴粘（或者钩）在脸的最下方。
将两个绿色纽扣对称缝在扣眼上。

毛线帽的编织方法

注意：毛线帽及其装饰用3.5/0号钩针。

用绿色线，环形绕线起针。
第1圈：立织3针锁针（＝1针长针），13针长针，在最初的第3针锁针上钩1针引拔针结束此圈。
第2~16圈：参照图解钩织，剪线。

护耳（2个）
第1行：根据图解加上绿色线，立织3针锁针（＝1针长针），9针长针，2针长针并1针。
第2~9行：参照图解钩织，剪线。
钩另一个护耳，在2个护耳后面间距16针长针，前面间距28针长针。

鞋子

白眼珠×4
（钩针3/0号）

嘴×2
（钩针3/0号）

眼睛轮廓（2个）
用绿色线，环形绕线起针。
第1圈：立织3针锁针（＝1针长针），13针长针，在最初的第3针锁针上钩1针引拔针结束此圈。
第2~5圈：参照图解钩织，剪线。
钩2个同样的眼睛轮廓。

白眼珠（2个）
用白色线，环形绕线起针。
第1圈：立织3针锁针（＝1针长针），13针长针，在最初的第3针锁针上钩1针引拔针结束此圈。
用同样的方法钩另一个眼珠。

嘴
用红色线，钩5针锁针起针，钩1针引拔针连成环形。
第1圈：1针锁针，10针短针，在锁针上钩1针引拔针结束此圈。钩16针锁针，随后钩5针锁针，在这5针锁针的第1针上钩1针引拔针连成环形，环上钩1针锁针，10针短针。钩1针引拔针结束此圈，剪线。

组合

帽缘
第1圈：将绿色线系在帽口部，钩1针锁针，绕着帽口钩1圈短针（包括护耳在内），在第1针锁针上钩1针引拔针结束此圈。剪线。
第2圈：将白色线系上，在绿色线钩织的1圈上钩1圈引拔针。剪线。

藏好线头
将黑色珠子缝在白眼珠的中央，将白眼珠粘在眼睛的轮廓上（或用线暗针缝缝1圈）。
用同样的方法缝另一只眼睛。
将帽子铺开，离帽顶2厘米处粘（或缝）上眼睛。（如图所示）
在帽子前面的中央粘上（或缝上）嘴。
用绿色线或白色线，做2条约25厘米长的系绳，分别缝在2个护耳上。

帽子

眼睛的轮廓×2
(钩针3.5/0号)

帽顶
(钩针3.5/0号)

护耳

后中心线

16
15
14
13
12
11
10
9
8
7

6
5
4
3
2
1

图解说明

◀ 剪线

◁ 加线

◯ 环形绕线起针

⌒ 锁针：钩针挂线，将线从线圈中拉出。

• 引拔针：钩针插入前一行针目头部的2根线中，钩针挂线并引拔出。

× 短针：钩针插入锁针的里山，钩针挂线并拉出。再次挂线，从钩针上的2个线圈中引拔出。

T 中长针：钩针挂线，插入锁针的里山，钩针再次挂线并拉出。再次挂线，从钩针上的3个线圈中一次性引拔出。

Ŧ 长针：钩针挂线，插入锁针的里山，钩针再次挂线并拉出。重复（钩针挂线，从2个线圈中一次性引拔出）。

Λ 2针长针并1针：钩2针未完成的长针，钩针挂线，从针上的3个线圈中一次性引拔出。

Ⱥ 3针长针并1针：钩3针未完成的长针，钩针挂线，从针上的4个线圈中一次性引拔出。

❧ 1针放2针短针：在1个针目中钩2针短针。

■ 绿色线
■ 红色线
□ 白色线

嘴（钩针3.5/0号）

1

超酷的小狗 帽子周长：30厘米

材料和工具

- 棉线/各1团：原白色、栗色、浅蓝色
- 适量填充棉（鞋子）
- 3个纽扣，直径1.5厘米（毛线帽的眼睛和鼻子）
- 2个纽扣（或黑色珠子），直径1厘米（鞋子的鼻子）
- 4个粘在鞋子上的眼睛
- 钩针3/0号
- 和线粗细匹配的缝针、刺绣针，剪刀、布艺胶水（任意）

技法

- 钩针：锁针、引拔针、短针、中长针、长针、长针的正拉针、长针的反拉针、2针长针并1针、反短针，参见图解

鞋子的编织方法

左脚的鞋子

鞋底

用栗色线，钩13针锁针起针。

第1圈：在第1针锁针里钩1针锁针和3针短针，5针短针，2针中长针，4针长针，为了钩织另一边，在最后1针锁针上钩7针长针，随后在锁针链上钩4针长针，2针中长针，5针短针，在锁针链的第1针上钩2针短针，在最初的锁针上钩1针引拔针结束此圈。

第2~4圈：参照图解钩织，剪线。

鞋帮和鞋面

用浅蓝色线，在鞋跟中部一针上加线。

第1圈：立织3针锁针（=1针长针），58针长针，在开始的第3针锁针上钩1针引拔针结束此圈。

第2~7圈：参照图解钩织，剪线。

右脚的鞋子

和左脚的鞋子用同样方法钩织。

脸（2张）

用原白色线，钩12针锁针起针。

第1~8行：1针锁针，12针短针，调转针头，剪线。

第9圈（边缘）：加栗色线，1针锁针，钩1圈反短针，在最初的锁针上钩1针引拔针结束此圈，剪线。

钩2张相同的脸。（每只鞋子1张）

耳朵（4只）

用栗色线，钩6针锁针起针。

第1圈：1针锁针，2针短针，1针中长针，2针长针，为了钩另一边，在最后1针锁针上钩4针长针，随后在锁针链上钩2针长针，1针中长针，2针短针，剪线。

钩4只相同的耳朵。（每只鞋子2只）

爪子（4个）

用原白色线，环形绕线起针。

第1圈：立织3针锁针（=1针长针），9针长针，在最初的第3针锁针上钩1针引拔针结束此圈，剪线。

钩4个相同的爪子。（每只鞋子2个）

鞋子

鞋底
(钩针3/0号)

← 鞋跟中部

耳朵×4
(钩针3/0号)

鞋帮和鞋面
(钩针3/0号)

中缝

鞋跟中部

脸×2
(钩针3/0号)

组合

每只鞋子

藏好线头。

将脸粘在鞋面中央。

用藏针缝将2只耳朵缝在脸的最上方两边。

轻轻地将填充棉塞入爪子下面，将爪子粘在（或藏针缝缝在）脸的下面。

将黑色珠子缝在脸中央（鼻子），然后将两个眼睛粘在鼻子两边。

毛线帽的编织方法

用原白色线，环形绕线起针。

第1圈：立织3针锁针（＝1针长针），11针长针，在最初的第3针锁针上钩1针引拔针结束此圈。

第2~21圈：参照图解钩织，剪线。

耳朵（2只）

用栗色线，环形绕线起针。

第1圈：立织3针锁针（＝1针长针），11针长针，在最初的第3针锁针上钩1针引拔针结束此圈。

第2~8圈：参照图解钩织，剪线。

钩2只相同的耳朵。

狗狗的斑点

用浅蓝色线，钩5针锁针起针。

第1圈：立织3针锁针（＝1针长针），3针长针，为了钩织另一边，在最后1针锁针上钩6针长针，随后在锁针链上钩3针长针，在锁针链的第1针上钩5针长针，在最初的第3针锁针上钩1针引拔针结束此圈。

第2、3圈：参照图解钩织，剪线。

组合

藏好线头。

压扁耳朵，将它们缝在毛线帽的最上方。

将纽扣缝在帽子的前面距离条纹处2厘米。（鼻子）

然后粘上（或藏针缝缝上）斑点，最后缝上2个纽扣。（眼睛）

帽子

耳朵x 2
(钩针3/0号)

帽顶
(钩针3/0号)

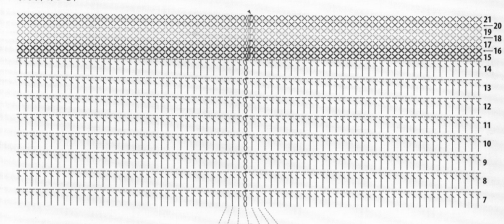

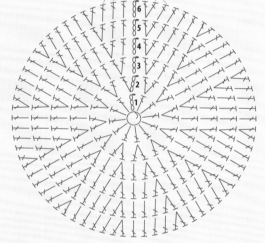

狗狗的斑点
(钩针3/0号)

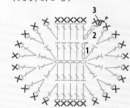

图解说明

◀ 剪线

◁ 加线

⊘ 环形绕线起针

⊶ **锁针**：钩针挂线，将线从线圈中拉出。

- **引拔针**：钩针插入前一行针目头部的2根线中，钩针挂线并引拔出。

× **短针**：钩针插入锁针的里山，钩针挂线并拉出。
再次挂线，从钩针上的2个线圈中引拔出。

T **中长针**：钩针挂线，插入锁针的里山，钩针再次挂线并
拉出。再次挂线，从钩针上的3个线圈中一次性引拔出。

Ŧ **长针**：钩针挂线，插入锁针的里山，钩针再次挂线并拉出。
重复（钩针挂线，从2个线圈中一次性引拔出）。

长针的反拉针：见p.109。

长针的正拉针：见p.109。

Λ **2针长针并1针**：钩2针未完成的长针，钩针挂线，从针上的3个线圈中
一次性引拔出。

✕ **反短针**：见p.108。

■ 原白色

■ 栗色

■ 浅蓝色

海盗小老鼠

帽子周长：30厘米

材料和工具

- 棉线/各1团：灰色、红色、黑色
- 适量填充棉（毛线帽）
- 钩针3/0号
- 和线粗细匹配的缝针、刺绣针，剪刀、布艺胶水（任意）

技法

- 钩针：锁针、引拔针、短针、短针的条纹针、长针、长针的反拉针、并针、放针等，参见图解
- 刺绣：直线绣、轮廓绣、锁链绣见p.110
- 系绳和绒球：见p.110、111

鞋子的编织方法

左脚的鞋子

用灰色线，钩12针锁针起针。

第1圈： 在第1针锁针里钩1针锁针和3针短针，10针短针，为了钩织另一边，在最后1针锁针上钩5针短针，随后在锁针链上钩10针短针，在锁针链的第1针锁针上钩2针短针，在最初的锁针上钩1针引拔针结束此圈。

第2~13圈： 参照图解钩织，剪线。

右脚的鞋子

和左脚的鞋子用同样的方法钩织。

脸（2张）

用灰色线，环形绕线起针。

第1圈： 立织2针锁针（=1针中长针），8针中长针，在最初的第2针锁针上钩1针引拔针结束此圈。

第2、3圈： 参照图解钩织，剪线。钩2张同样的脸。

耳朵（4只）

用红色线，环形绕线起针。

第1圈： 立织3针锁针（=1针长针），11针长针，在最初的第3针锁针上钩1针引拔针结束此圈。剪线。

第2圈： 加上灰色线，1针锁针，12针短针的条纹针，在最初的锁针上钩1针引拔针结束此圈。剪线。

钩4只相同的耳朵。（每只鞋子2只）

眼睛（4个）

用黑色线，环形绕线起针。

第1圈： 1针锁针，10针短针，在最初的锁针上钩1针引拔针结束此圈。剪线。

钩4个相同的眼睛。（每只鞋子2个眼睛）

鞋子

左脚的鞋子
(钩针3/0号)

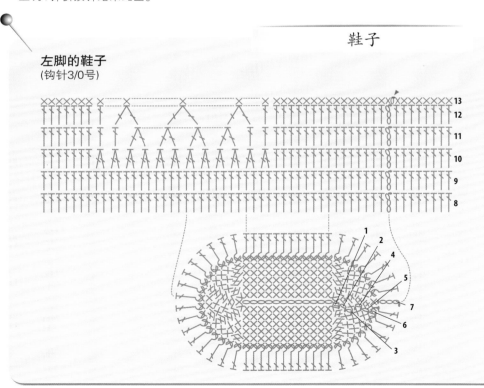

脸×2
(钩针3/0)号

耳朵×4
(钩针3/0号)

组合

每只鞋子
藏好线头。
用藏针缝将2只耳朵缝在脸的最上方两边。
粘上（或者缝上）眼睛。
用黑色线，用轮廓绣将眉毛绣在眼睛的上方，用锁链绣绣嘴。
用红色线绣口鼻部分（=在脸中央绣1针长直线绣，然后用黑色线绣两个点后剪断红色线）。
将组合好的头部粘在（缝在）鞋面上。

毛线帽的编织方法

用灰色线，环形绕线起针。
第1圈： 1针锁针，12针短针，在最初的锁针上钩1针引拔针结束此圈。
第2~17圈： 参照图解钩织，剪线。

护耳（2个）
用红色线，环形绕线起针。
第1圈： 立织3针锁针（=1针长针），12针长针，在最初的第3针锁针上钩1针引拔针结束圈。
第2、3圈： 参照图解钩织，剪线。将1根黑色线上下穿过最后1圈的底部的针，钩1圈。
钩2个相同的护耳。

耳朵（2只）
用红色线，钩8针锁针起针。
第1圈： 1针锁针，7针短针，为了钩织另一边，在最后1针锁针上钩3针短针，随后在锁针链上钩7针短针，翻转织片。
第2~5圈： 参照图解钩织，剪线。
钩2只相同的耳朵。

眼睛（2个）
用黑色线，环形绕线起针。
第1圈： 立织3针锁针（=1针长针），13针长针，在最初的第3针锁针上钩1针引拔针结束此圈。
第2圈： 在开始的1针上钩3针锁针和1针长针，在上一圈的每针长针上钩2针长针。在最初的第3针锁针上钩1针引拔针结束此圈。剪线。
钩2个相同的眼睛。

口鼻部分
用红色线，环形绕线起针。
第1圈： 1针锁针，6针短针，在最初的锁针上钩1针引拔针结束此圈。

第2~6圈： 参照图解钩织，剪线。
第7~14行： 加上黑色线，继续如图所示来回钩织，剪线。
然后将完成的黑色部分折过来压在红色部分上。
用藏针缝固定黑色的两侧。
用轮廓绣完成口鼻的制作。

绷带
用红色线，钩13针锁针起针。
第1~3行： 立织3针锁针（=1针长针），12针长针，翻转织片。
剪线。

嘴
用黑色线，钩35针锁针起针。
第1行： 立织3针锁针（=1针长针），34针长针，剪线。

组合

藏好线头。
将毛线帽放平，为了凸显两边。
将圆形护耳的一半缝在帽口的两边。
用藏针缝将耳朵缝在帽子最上方的两边。
粘上眼睛（或用藏针缝缝上）。
在每个眼睛上用黑色线以直线绣绣两条大眉毛。
将口鼻部分塞填充棉，用藏针缝将口鼻部分缝在脸上。
粘上（或用藏针缝缝上）嘴。
用黑色线，将包扎的绷带缝上。
在另一边，用黑色线绣一个疤痕，如图所示。

每个护耳
用约30厘米的灰色线作为系绳。
做一个直径4厘米的灰红相间的绒球。
将绒球缝在系绳的一端。
将系绳的另一端缝在护耳下面。

帽子

绷带
(钩针3/0号)

帽顶
(钩针3/0号)

17
16
15
14
13
12
11
10
9

耳朵×2
(钩针3/0号)

4
3
2
1

8
7
6
5
4
3
2
1

眼睛×2
(钩针3/0号)

疤痕

护耳×2
(钩针3/0号)

3
2
1

图解说明

◀ 剪线

⬯ 环形绕线起针

⊖ **锁针**：钩针挂线，将线从线圈中拉出。

‑ **引拔针**：钩针插入前一行针目头部的2根线中，钩针挂线并引拔出。

× **短针**：钩针插入锁针的里山，钩针挂线并拉出。再次挂线，从钩针上的2个线圈中引拔出。

┤ **长针**：钩针挂线，插入锁针的里山，钩针再次挂线并拉出。重复（钩针挂线，从2个线圈中一次性引拔出）。

⨽ **长针的反拉针**：见p.109。

⋈ **1针放2针短针**：在1个针目中钩2针短针。

⋔ **2针短针并1针**：钩2针未完成的短针，钩针挂线，从针上的3个线圈中一次性引拔出。

⋀ **2针长针并1针**：钩2针未完成的长针，钩针挂线，从针上的3个线圈中一次性引拔出。

⊠ **短针的条纹针**：挑取前一行短针头部的后半针钩织短针。

■ 灰色
■ 红色
■ 黑色

口鼻部分
(钩针3/0号)

14 13
12   11
10   9
8   7
6
5
4
3
2
1

1.将黑色部分压在红色上面固定

2.用黑色线做轮廓绣

酷猫头鹰

帽子周长：32厘米

材料和工具

- 棉线/各1团：覆盆子色、绿色
- 适量的毛线：白色、橘色、酒红色
- 2个纽扣（或黑色珠子），直径1.5厘米（毛线帽的眼睛）
- 4个纽扣（或绿色珠子），直径1厘米（鞋子）
- 3个珠子（粘在花上）
- 适量填充棉（毛线帽）
- 2个小按扣（鞋子）
- 钩针3.5/0号
- 和线粗细匹配的缝针、刺绣针、剪刀、布艺胶水（任意）

技法

- 钩针：锁针、引拔针、短针、长针、2针长针并1针、长针的条纹针、长针的并针等：参见图解

鞋子的编织方法

左脚的鞋子

用覆盆子色线，钩12针锁针起针。

第1圈：在第1针锁针上钩3针锁针（=1针长针）和3针长针，10针长针，为了钩织另一边，锁针链的最后1针钩7针长针，随后如图钩10针长针，在锁针链的第1针上钩3针长针，在最初的第3针锁针上钩1针引拔针结束此圈。

第2~8圈：参照图解钩织，剪线。

第9~16行（鞋襻）：在图中箭头所示位置加线，用长针钩出1根鞋襻，剪线。

右脚的鞋子

和左脚的鞋子用同样的方法钩织，但要对称。

鞋子

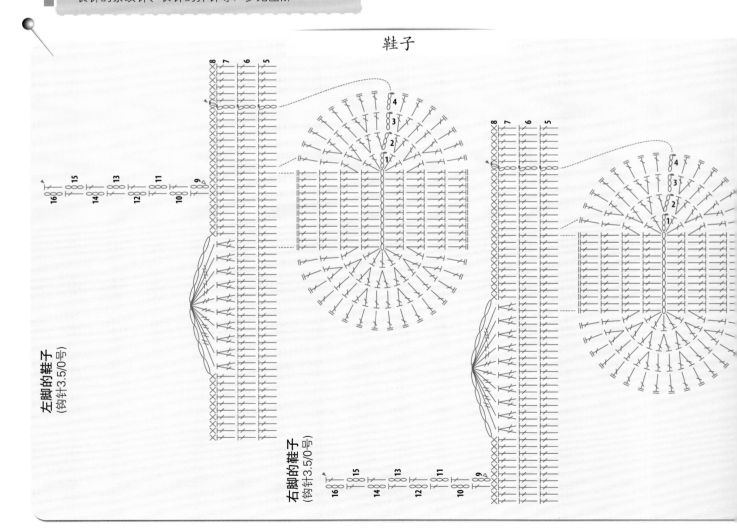

左脚的鞋子
（钩针3.5/0号）

右脚的鞋子
（钩针3.5/0号）

眼睛（4个）

用白色线，环形绕线起针。

第1圈：立织3针锁针（=1针长针），14针长针，在最初的第3针锁针上钩一针引拔针结束此圈。剪线。

钩4个相同的眼睛。（每只鞋子2个）。

嘴（2张）

用橘色线，钩1针锁针起针。

第1行：在起针的锁针里立织3针锁针（=1针长针）和4针长针。剪线。

钩2张同样的嘴。（每只鞋子1张）

小花（2朵）

用酒红色线，仅钩毛线帽的小花的第1圈。

钩2朵相同的小花。（每只鞋子1朵）

组合

每只鞋子

藏好线头。

缝上2个小按扣（分别缝在2个鞋襻的末端）。

粘上（或缝上）眼睛。

将小纽扣缝在2个眼睛的中央。

将嘴粘在（或缝在）2个眼睛的中央下面。

将组合好的脸部粘在（或缝在）鞋面上。

将珠子缝在花的中央，将小花缝在左脚鞋子眼睛的右侧，右脚鞋子眼睛的左侧。

毛线帽的编织方法

用覆盆子色线，环形绕线起针。

第1圈：立织3针针锁针（=1针长针），15针长针，在最初的第3针锁针上钩1针引拔针结束此圈。

第2~15圈：参照图解钩织，剪线。

护耳（2个）

第1行：用绿色线，根据图示加线，立织3针锁针（=1针长针），9针长针，2针长针并1针。翻转织片。

第2~4行：参照图解钩织，剪线。钩另一个相同的护耳，2个护耳间隔32针长针，如图所示。

耳朵（2只）

用覆盆子色线，环形绕线起针。

第1圈：立织3针锁针（=1针长针），11针长针，在最初的第3针锁针上钩1针引拔针结束此圈。

第2~4圈：参照图解钩织，剪线。

钩2只相同的耳朵。

眼睛（2个）

用白色线，环形绕线起针。

第1圈：立织3针锁针（=1针长针），13针长针，在最初的第3针锁针上钩1针引拔针结束此圈。

第2、3圈：参照图解钩织，剪线。

钩2个相同的眼睛。

嘴

用橘色线，钩1针锁针起针。

第1行：在起针的锁针里立织3针锁针（=1针长针）和5针长针，翻转织片。

第2、3行：参照图解钩织。

小花

用酒红色线，环形绕线起针。

第1圈：1针锁针，（1针短针，2针锁针，3针长针，2针锁针）重复5次，在最初的锁针上钩1针引拔针结束此圈。

第2圈：参照图解钩织，剪线。

组合

藏好线头。

每只耳朵

塞入填充棉，取14根长约3厘米的线（绿色、白色、覆盆子色线）剪线。将线缝在耳朵的最上方。用藏针缝将耳朵缝在帽子上方两侧。

将眼睛粘上（或藏针缝缝上）。

将1.5厘米的纽扣缝在眼睛的中央。

将嘴粘在（或缝在）眼睛中央的下面。

将珠子粘在小花的中央，将小花粘在右眼的上方。

在每个护耳底部编约18厘米长的辫子（每根辫子用3根绿色线、3根白色线、3根覆盆子色线）。

帽子

嘴
(钩针3.5/0号)

眼睛×2
(钩针3.5/0号)

小花
(钩针3.5/0号)

帽口和护耳
(钩针3.5/0号)

护耳

后中心线

图解说明

◤ 剪线
◁ 加线
◯ 环形绕线起针
◠ 锁针：钩针挂线，将线从线圈中拉出。
- 引拔针：钩针插入前一行针目头部的
　2根线中，钩针挂线并引拔出。
× 短针：钩针插入锁针的里山，钩针挂线并拉出。
　再次挂线，从钩针上的2个线圈中引拔出。
┃ 长针：钩针挂线，插入锁针的里山，钩针再次挂线并拉出。
　重复（钩针挂线，从2个线圈中一次性引拔出）。
┃ 长针的条纹针：挑取前一行针目头部的后半针编织长针。
人 2针长针并1针：钩2针未完成的长针，钩针挂线，从针上的
　3个线圈中一次性引拔出。
人 5针长针并1针：钩5针未完成的长针，钩针挂线，从针上的
　6个线圈中一次性引拔出。
人 10针长长针并1针：钩10针未完成的长长针，钩针挂线，从
　针上的11个线圈中一次性引拔出。

■ 绿色
■ 覆盆子色
■ 橘色
■ 白色
■ 酒红色

耳朵×2
(钩针3.5/0号)

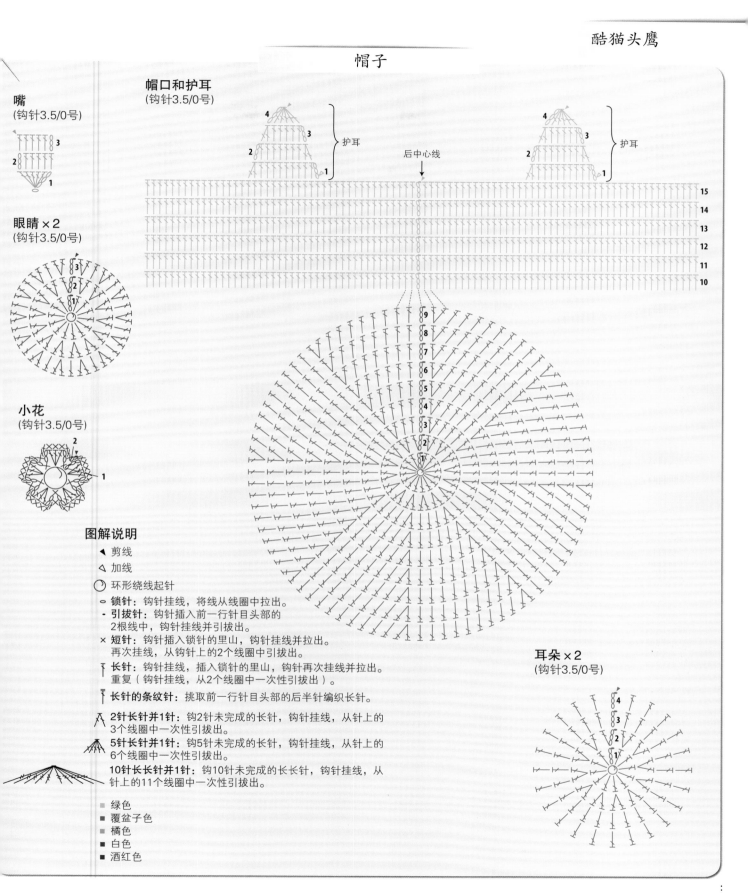

炫猫头鹰

帽子周长：34厘米

材料和工具

- 棉线/团：绿色、粉红色、绿松石色
- 适量毛线：白色、橘色
- 4个花形的黑纽扣（眼睛）
- 2个心形纽扣（白色），直径1厘米（鞋子）
- 3个圆形纽扣，直径1厘米（小花上）
- 钩针4/0号
- 和线粗细匹配的缝针、刺绣针，剪刀、布艺胶水（任意）

技法

- 钩针：锁针、引拔针、短针、中长针、长针、放针、并针：参见图解
- 流苏：见p.111

鞋子的编织方法

右脚的鞋子

用粉红色线，钩11针锁针起针。

第1圈：在第1针锁针里钩1针锁针和2针短针，9针短针，为了钩织另一边，在锁针链最后1针锁针上钩3针短针，随后在锁针链上钩9针短针，在锁针链的第1针上钩1针短针，在最初的锁针上钩1针引拔针结束此圈。

第2~11圈：根据图解钩织，剪线。

鞋帮和鞋襻：根据图示钩1针引拔针，加线，钩11针锁针，为了翻转织片，钩6针锁针，随后钩11针长针形成鞋襻。如图所示，在鞋子的最上方钩22针长针，剪线。

左脚的鞋子

和右脚的鞋子用同样的方法钩织，但要对称。

眼睛（4个）

用白色线，环形绕线起针。

第1圈：1针锁针，10针短针，在最初的锁针上钩1针引拔针结束此圈。

第2圈：根据图解钩织，剪线。

钩4个相同的眼睛。（每只鞋子2个眼睛）

嘴（2张）

用橘色线，钩5针锁针起针。

第1行：1针锁针，1针短针，1针中长针，3针长针。剪线。

钩2张同样的嘴。（每只鞋子1张）

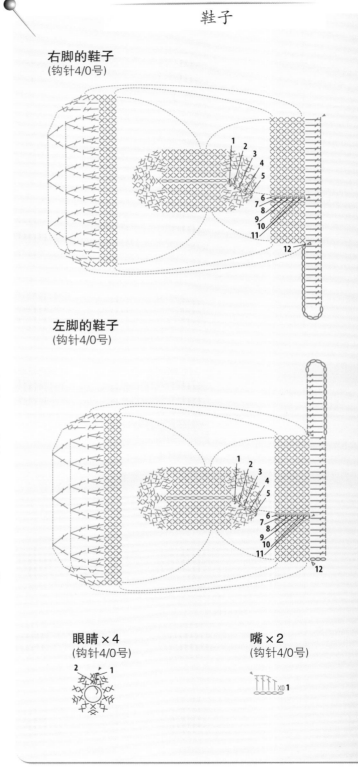

鞋子

右脚的鞋子
（钩针4/0号）

左脚的鞋子
（钩针4/0号）

眼睛×4
（钩针4/0号）

嘴×2
（钩针4/0号）

小花（2朵）
用绿松石色线，环形绕线起针。
第1圈：1针锁针，10针短针，在最初的锁针上钩1针引拔针结束此圈。
第2圈：1针锁针（1针短针，在随后1针短针上钩4针长针）重复5次，在最初的锁针上钩1针引拔针结束此圈。剪线。
钩2朵相同的小花。（每只鞋子1朵）

组合

每只鞋子
藏好线头。
将花形纽扣缝在每个眼睛上面。
将眼睛粘在（或藏针缝缝在）鞋面上。
将嘴粘在（或藏针缝缝在）2个眼睛的中央下面。
将心形纽扣对称地缝在扣眼处。
将圆纽扣缝在小花的中央，将小花粘在（或用藏针缝缝在）花形纽扣的后面。

毛线帽的编织方法

用粉红色线，环形绕线起针。
第1圈：立织2针锁针（=1针中长针），11针中长针，在最初的第2针锁针上钩1针引拔针结束此圈。
第2~12圈：根据图解钩织，剪线。

护耳（2个）
用绿色线，如图所示加线，从后中心开始钩10针短针。
第13行：1针锁针，2针短针并1针，14针短针，2针短针并1针。翻转织片。
第14~25行：根据图解钩织，剪线。钩另一个相同的护耳，2个护耳间隔22针长针。
随后如图所示在帽口周围钩2圈短针的边缘。

眼睛（2个）
用白色线，环形绕线起针。
第1圈：1针锁针，8针短针，在最初的锁针上钩1针引拔针结束此圈。
第2~4圈：根据图解钩织，剪线。
钩2个相同的眼睛。

嘴
用橘色线，钩6针锁针起针。
第1行：立织1针锁针，6针短针，翻转织片。
第2~6行：根据图解钩织。
第7圈（边缘）：1针锁针，在周围钩1圈短针（在每个角上钩3针）。在最初的锁针上钩1针引拔针结束此圈。剪线。

小花×2
（钩针4/0号）

小花
用绿松石色线，环形绕线起针。
第1圈：1针锁针，10针短针，在最初的锁针上钩1针引拔针结束此圈。
第2圈：根据图解钩织，剪线。

组合

藏好线头。
将眼睛粘上（或藏针缝缝上）。
将花形纽扣缝在眼睛的中央。
将嘴粘在（或缝在）眼睛中间的下面。
将圆形纽扣粘在小花的中央，将小花粘在左、右眼的上方。
在毛线帽最上方系上2束约8厘米长的流苏，相距5厘米。每束流苏上有白色、绿色、绿松石色和粉红色线。
在每个护耳底部用绿松石色、白色、粉红色线编的辫子。（每种颜色8根）

帽子

帽口和护耳
(钩针4/0号)

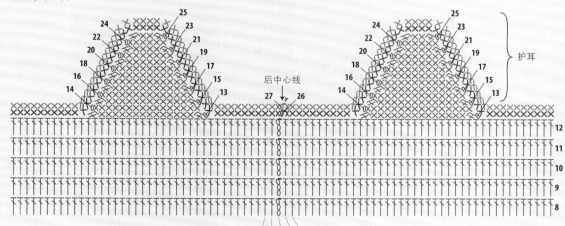

眼睛×2
(钩针4/0号)

后中心线

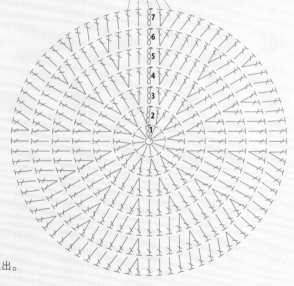

图解说明

◤ 剪线

◁ 加线

◯ 环形绕线起针

⊖ **锁针**：钩针挂线，将线从线圈中拉出。

- **引拔针**：钩针插入前一行针目头部的2根线中，钩针挂线并引拔出。

× **短针**：钩针插入锁针的里山，钩针挂线并拉出。再次挂线，从钩针上的2个线圈中引拔出。

丅 **中长针**：钩针挂线，插入锁针的里山，钩针再次挂线并拉出。再次挂线，从钩针上的3个线圈中一次性引拔出。

Ŧ **长针**：钩针挂线，插入锁针的里山，钩针再次挂线并拉出。重复（钩针挂线，从2个线圈中一次性引拔出）。

⧂ **1针放2针短针**：在1个针目中钩2针短针。

⌃ **2针短针并1针**：钩2针未完成的短针，钩针挂线，从针上的3个线圈中一次性引拔出。

Λ **2针长针并1针**：钩2针未完成的长针，钩针挂线，从针上的3个线圈中一次性引拔出。

■ 绿色
■ 粉红色
■ 橘色
■ 白色
■ 绿松石色

小花
(钩针4/0号)

嘴
(钩针4/0号)

锁针链=6针锁针

萌萌的猫咪

帽子周长：34厘米

材料和工具

- 棉线/各1团：白色、覆盆子色
- 适量棉线：黄色、黑色
- 3朵装饰用的小花（鞋子2朵）
- 钩针3.5/0 号
- 和线粗细匹配的缝针、刺绣针，剪刀、布艺胶水（任意）

技法

- 钩针：锁针、引拔针、短针、长针、长针的条纹针、长针的并针、放针等，参见图解
- 刺绣：直线绣见p.110

鞋子的编织方法

鞋底

用覆盆子色线，钩12针锁针起针。

第1圈：在第1针锁针上钩3针锁针（=1针长针）和4针长针，10针长针，为了钩织另一边，在锁针链最后1针锁针上钩8针长针，随后在锁针链上钩10针长针，再在锁针链的第1针里钩3针长针，在最初的第3针锁针上钩1针引拔针结束此圈。

第2~10圈：参照图解钩织，剪线。

耳朵（2只）

用白色线，在标记星星的长针上加线，在这一针里钩3针锁针，4针长针，3针锁针和1针引拔针。剪线。

如图在另外一个标记星星处钩另一只相同的耳朵。

鞋子

左脚的鞋子
(钩针3.5/0号)

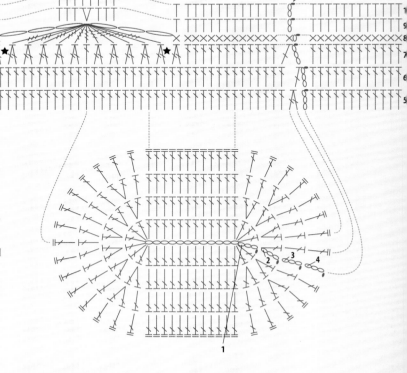

图解说明

◂ 剪线

◦ **锁针**：钩针挂线，将线从线圈中拉出。

- **引拔针**：钩针插入前一行针目头部的2根线中，钩针挂线并引拔出。

× **短针**：钩针插入锁针的里山，钩针挂线并拉出。再次挂线，从钩针上的2个线圈中引拔出。

┰ **长针**：钩针挂线，插入锁针的里山，钩针再次挂线并拉出。重复。（钩针挂线，从2个线圈中一次性引拔出）

⋏ **2针长针并1针**：钩2针未完成的长针，钩针挂线，从针上的3个线圈中一次性引拔出。

⊤ **长针的条纹针**：钩针挂线，挑取前一行针目头部的后半针，钩织1针长针。

11针3卷长针并1针：重复钩11针3卷长针，钩针挂线，从针上的12个线圈中一次性引拔出。

★ **耳朵的位置**

■ 白色

■ 覆盆子色

右脚的鞋子
和左脚的鞋子用同样的方法钩织，但要对称。

眼睛（4个）
用黑色线，环形绕线起针。
第1圈：1针锁针，7针短针，在最初的锁针上钩1针引拔针结束此圈。剪线。
钩4个同样的眼睛。（每只鞋子2个眼睛）

嘴（2张）
用黄色线，和钩眼睛的步骤一样。
钩2张相同的嘴。（每只鞋子1张）

蝴蝶结（2个）
用覆盆子色线，钩9针锁针起针。
第1行：立织3针锁针（=1针长针），3针长针，1针短针和4针长针。剪线。用同样的方法钩另一个蝴蝶结。
在蝴蝶结的中间粘上小花。

组合
每只鞋子
将小蝴蝶结粘在（或缝在）耳朵左下方或者右下方。
将眼睛和嘴粘上（或缝上）。

毛线帽的编织方法
用白色线，环形绕线起针。
第1圈：立织3针锁针（=1针长针），12针长针，在最初的第3针锁针上钩1针引拔针结束此圈。
第2~16圈：参照图解钩织，剪线。

耳朵（2只）
将毛线帽压平，将两边凸显出来。在两边第2、3圈之间最高处加上白色线。随后：
第1行：立织3针锁针（=1针长针）。如图在随后的锁针里钩7针长针。翻转织片。
第2、3行：参照图解钩织，剪线。
在毛线帽另一边钩另一只相同的耳朵。

眼睛（2个）
用黑色线，环形绕线起针。
第1圈：立织3针锁针（=1针长针），12针长针，在最初的第3针锁针上钩1针引拔针结束此圈。剪线。
钩2个相同的眼睛。

嘴
用黄色线，和钩眼睛的步骤一样。

蝴蝶结
用覆盆子色线，钩织12针锁针起针。
第1~8行：立织3针锁针（=1针长针），7针长针。翻转织片。剪线。用足够的线在蝴蝶结的中间绕圈，使其收紧形成蝴蝶结。将小花粘在蝴蝶结的中间。

组合
藏好线头。
将蝴蝶结粘在（或缝在）耳朵右下方。
将眼睛和嘴粘上（或缝上）。
用黑色线，在眼睛两旁绣3针长直线绣。

帽子

帽口
(钩针3.5/0号)

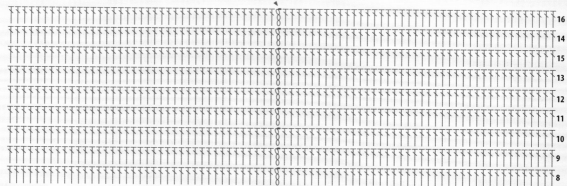

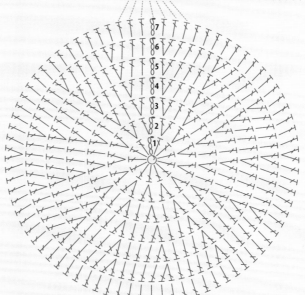

图解说明

◄ 剪线

⊘ 环形绕线起针

⊖ **锁针**：钩针挂线，将线从
线圈中拉出。

– **引拔针**：钩针插入前一行
针目头部的2根线中，钩
针挂线并引拔出。

⊺ **长针**：钩针挂线，插入锁针的里山，钩针再次挂线
并拉出。重复（钩针挂线，从2个线圈中一次性引拔出）。

7针长针并1针：钩7针未完成的长针，钩针挂线，从针上的
8个线圈中一次性引拔出。

■ 白色
■ 覆盆子色

耳朵×2
(钩针3.5/0号)

酷酷的猫咪

帽子周长：34厘米

材料和工具
- 棉线/各1团：白色、紫红色
- 黑色棉线：少量
- 4个粉红色纽扣，直径1厘米（鞋子的眼睛）
- 2个花边纽扣，直径1.5厘米（鞋子的扣子）
- 钩针3/0号、3.5/0号
- 和线粗细匹配的缝针、刺绣针、剪刀、布艺胶水（任意）

技法
- 钩针：锁针、引拔针、长针、长针的条纹针、长长针，参见图解
- 刺绣：轮廓绣见p.110
- 绒球：见p.111

贴士：如无特别指出，帽子和鞋子都用3.5/0号钩针。

鞋子的编织方法

右脚的鞋子
用白色线，钩织13针锁针起针。

第1圈： 在第1针锁针里钩3针锁针（=1针长针）和3针长针，11针长针，为了钩织另一边，在最后1针锁针上钩7针长针，随后在锁针链上钩11针长针，再在锁针链的第1针上钩3针长针，在最初的第3针锁针上钩1针引拔针结束此圈。

第2~7圈： 参照图解钩织，剪线。

第8行（鞋襻）： 根据图示钩1针引拔针加上紫红色线，钩20针锁针，加上6针锁针（扣眼），随后在锁针链上钩20针长针。在鞋子最后一圈上钩20针长针。剪线（见图示）。

左脚的鞋子
和右脚的鞋子用同样的方法钩织，但要左右对称。

鞋子

左脚的鞋子
(钩针3.5/0号)

右脚的鞋子
(钩针3.5/0号)

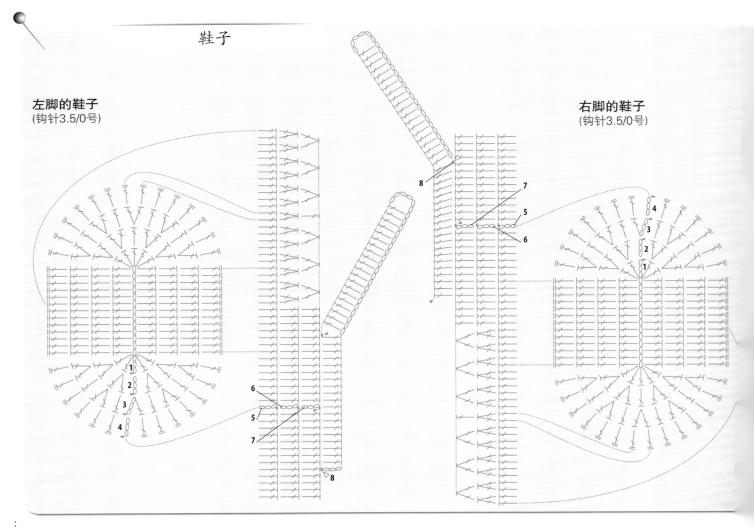

脸（2张）
用白色线，环形绕线起针。
第1圈：立织3针锁针（=1针长针），11针长针，在最初的第3针锁针上钩1针引拔针结束此圈。
第2、3圈：参照图解钩织。
第4行（耳朵）：如图所示，立织3针锁针，1针长针，2针长长针，1针长针，3针锁针和1针引拔针。剪线。钩另一只相同的耳朵，两只耳朵相隔7针。

眼睛（2个）
用黑色线、3/0号钩针做环形绕线起针。
第1圈：立织3针锁针（=1针长针），11针长针，在最初的第3针锁针上钩1针引拔针结束此圈。
将粉红色纽扣粘在（或缝在）中央。
钩2个相同的眼睛。（每只鞋子1个）

蝴蝶结（2个）
用紫红色线，钩织10针锁针起针。
第1行：立织3针锁针（=1针长针），9针长针。剪线。
用黑色线，在中间绕几圈。
钩同样的另一个蝴蝶结。（每只鞋子1个）

组合
每只鞋子
藏好线头。
将脸粘在（或藏针缝缝在）鞋面上。
将眼睛和上面的纽扣粘在（或藏针缝缝在）扣眼的对面。将另一个纽扣粘在另一个眼睛的位置上。
将蝴蝶结粘在（或藏针缝缝在）与扣眼同一边的眼睛旁边。
用紫红色线，做轮廓绣绣一张嘴。
缝上花边纽扣。

毛线帽的编织方法
用白色线，环形绕线起针。
第1圈：立织3针锁针（=1针长针），13针长针，在最初的第3针锁针上钩1针引拔针结束此圈。
第2~18圈：参照图解钩织，剪线。

护耳（2个）
用紫红色线，钩织方法同毛线帽帽顶的第1~3圈，剪线。钩2个相同的护耳。

耳朵（2只）
用白色线，环形绕线起针。
第1圈：立织3针锁针（=1针长针），12针长针，在最初的第3针锁针上钩1针引拔针结束此圈。
第2~6圈：参照图解钩织，剪线。
钩2只相同的耳朵。

鞋子

脸×2
（钩针3.5/0号）

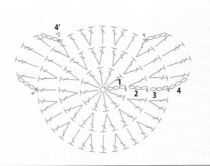

眼睛（2个）
用紫红色线，环形绕线起针。
第1圈：立织3针锁针（=1针长针），13针长针，在最初的第3针锁针上钩1针引拔针结束此圈。剪线。
钩2个相同的眼睛。

斑点
用黑色线、3/0号钩针环形绕线起针。
第1圈：立织3针锁针（=1针长针），9针长针，在最初的第3针锁针上钩1针引拔针结束此圈。
第2~4圈：参照图解钩织，剪线。

嘴
用紫红色线，钩30针锁针起针。
第1行：立织3针锁针（=1针长针），29针长针，3针锁针，在锁针链的最后1针里钩1针引拔针，剪线。

蝴蝶结
用紫红色线，钩12针锁针起针。
第1圈：立织3针锁针（=1针长针），10针长针，为了钩织另一边，在最后1针锁针里钩6针长针，随后在锁针链上钩10针长针，再在锁针链的第1针里钩5针长针，在最初的第3针锁针上钩1针引拔针结束此圈。
第2圈：参照图解钩织，剪线。

组合
藏好线头。
将毛线帽压平，将两边凸显出来。
将耳朵压平，用藏针缝缝在毛线帽最上方。用黑色线，在蝴蝶结中间绕几圈，收紧蝴蝶结，将蝴蝶结粘在（或藏针缝缝在）一只耳朵的下面。粘上（或藏针缝缝上）斑点，然后缝上眼睛和嘴。用紫红色线，做2个直径4厘米的绒球，待用。用黑色线，钩1根长约30厘米的细绳。将绒球缝在细绳的一端。将细绳的另一端缝在护耳下面。再做1根同样的细绳。
将圆形护耳的一半缝在帽口的两边（如图所示）。

帽子

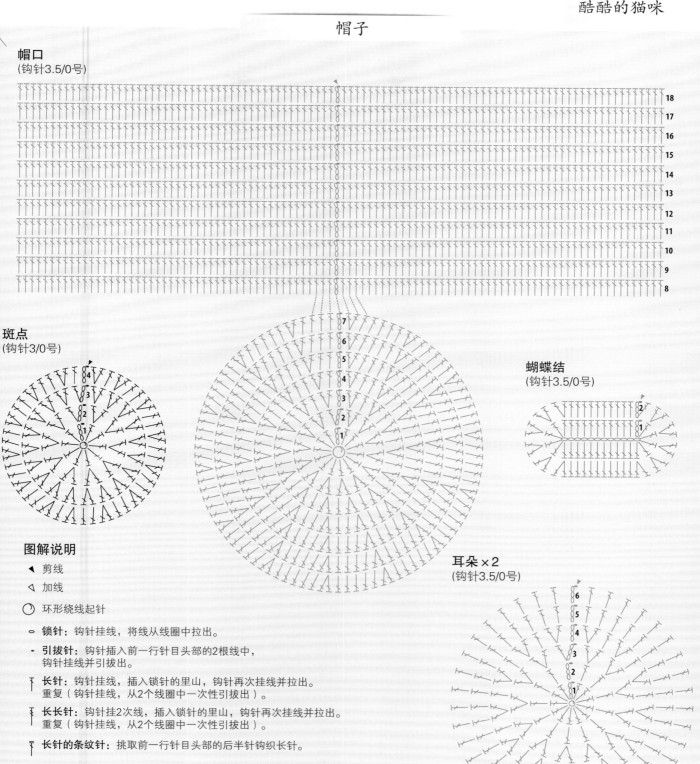

帽口
(钩针3.5/0号)

18
17
16
15
14
13
12
11
10
9
8

7
6
5
4
3
2
1

斑点
(钩针3/0号)

4
3
2
1

蝴蝶结
(钩针3.5/0号)

2
1

耳朵×2
(钩针3.5/0号)

6
5
4
3
2
1

图解说明

◂ 剪线

◃ 加线

⟳ 环形绕线起针

∘ **锁针**：钩针挂线，将线从线圈中拉出。

— **引拔针**：钩针插入前一行针目头部的2根线中，
钩针挂线并引拔出。

┠ **长针**：钩针挂线，插入锁针的里山，钩针再次挂线并拉出。
重复（钩针挂线，从2个线圈中一次性引拔出）。

┠ **长长针**：钩针挂2次线，插入锁针的里山，钩针再次挂线并拉出。
重复（钩针挂线，从2个线圈中一次性引拔出）。

┠ **长针的条纹针**：挑取前一行针目头部的后半针钩织长针。

▢ 白色
▣ 紫红色
▣ 黑色

花哨的小玩意儿

帽子周长：30厘米

材料和工具

- 棉线/各1团：乳白色、粉红色和米色
- 5个纽扣（或白色珠子），直径1.5厘米（帽子和鞋子）
- 钩针3.5/0号
- 和线粗细匹配的缝针、刺绣针，剪刀、布艺胶水（任意）

技法

- 钩针：锁针、引拔针、短针、中长针、长针、长针的反拉针、长长针、并针、放针等，参见图解

鞋子的编织方法

左脚的鞋子

用米色线，钩10针锁针起针。

第1圈： 在第1针锁针里立织1针锁针和3针短针，6针短针，1针中长针，1针长针，为了钩织另一边，在最后1针锁针上钩7针长针，随后在锁针链上钩1针长针，1针中长针，6针短针，在锁针链的第1针上钩2针短针，在最初的锁针上钩1针引拔针结束此圈。

第2~6圈： 参照图解钩织，剪线。

鞋子

左脚鞋子图解
(钩针3.5/0号，米色线和粉红色线)

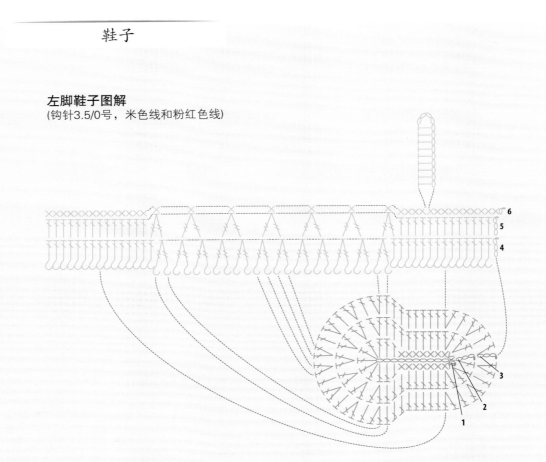

鞋子

右脚鞋子图解
(钩针3.5/0号，米色线和粉红色线)

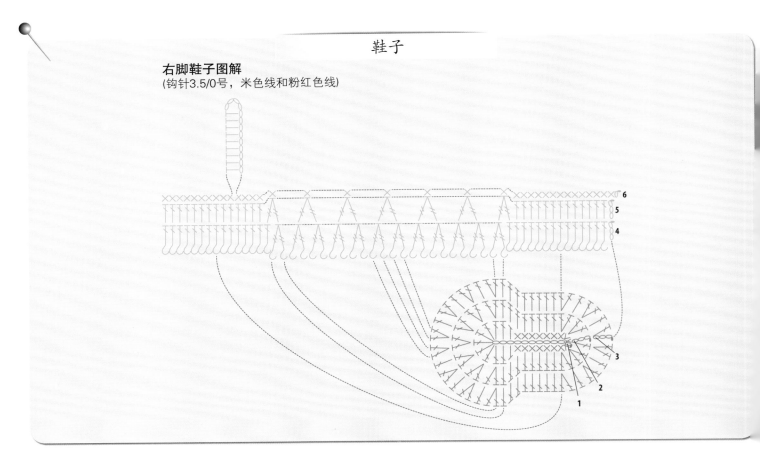

右脚的鞋子
和左脚的鞋子用同样的方法钩织，但要左右对称。

小花（2朵）
用米色线钩2朵小花，钩织方法和毛线帽上的小花一样。

组合

每只鞋子
藏好线头。
将小花缝在鞋面中央。将纽扣缝在小花的中央。
将两个纽扣如图对称缝在鞋襻上。

毛线帽的编织方法

用乳白色线，环形绕线起针。
第1圈：立织3针锁针（＝1针长针），10针长针，在最初的第3针锁针上钩1针引拔针结束此圈。
第2~20圈：参照图解钩织，剪线。
第21行（护耳）：根据图示加针，钩2针锁针（＝1针中长针），11针中长针。翻转织片。
第22~31行：参照图解钩织，剪线。
钩第2个护耳，与第1个护耳间距为21针，剪线。

耳朵（2只）
用乳白色线，环形绕线起针。
第1行：立织3针锁针（＝1针长针），7针长针，翻转织片。
第2~8行：参照图解钩织，剪线。
钩2只相同的耳朵。

小花（2朵）
用粉红色线，环形绕线起针。
第1圈：1针锁针，（1针短针，3针锁针，2针长长针，3针锁针）重复5次，在最初的锁针上钩1针引拔针结束此圈。
用米色线钩另一朵相同的小花。

组合

钩帽子的边缘：在帽口周围用米色线钩一圈中长针，再用乳白色线钩一圈中长针。剪线。
藏好线头。
将耳朵的直线部分缝在距帽顶3厘米处。（如图所示）
在每个护耳下面，用每种颜色线各3根，编1条15厘米长的辫子。
将2朵梅花形的小花叠放在一起，将1个纽扣缝在小花中间，再一起缝在帽子的右上方。

帽子

耳朵×2
(钩针3.5/0号)

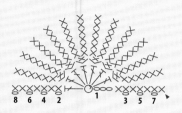

8 6 4 2 1 3 5 7

小花×4
2朵粉红色，2朵米色
(钩针3.5/0号)

1

帽口和护耳
(钩针3.5/0号)

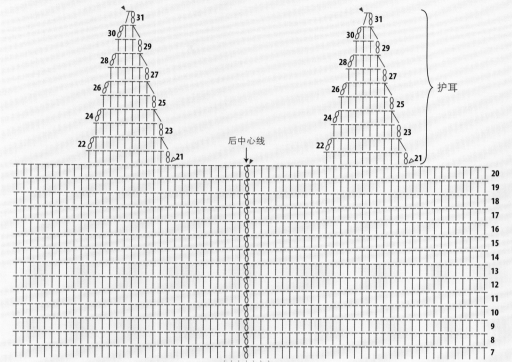

后中心线

护耳

图解说明

◄ 剪线

◁ 加线

◯ 环形绕线起针

◦ **锁针**：钩针挂线，将线从线圈中拉出。

• **引拔针**：钩针插入前一行针目头部的2根线中，钩针挂线并引拔出。

× **短针**：钩针插入锁针的里山，钩针挂线并拉出。再次挂线，从钩针上的2个线圈中引拔出。

T **中长针**：钩针挂线，插入锁针的里山，钩针再次挂线并拉出。再次挂线，从钩针上的3个线圈中一次性引拔出。

长针：钩针挂线，插入锁针的里山，钩针再次挂线并拉出。重复（钩针挂线，从2个线圈中一次性引拔出）。

长长针：钩针挂2次线，插入锁针的里山，钩针再次挂线并拉出。重复（钩针挂线，从2个线圈中一次性引拔出）。

2针中长针并1针：钩2针未完成的中长针，钩针再次挂线，一次引拔穿过针上的最后3个线圈。

1针放2针短针：在1个针目中钩2针短针。

或 **长针（或长长针）的反拉针**：见p.109。

2针长长针并1针：钩2针未完成的长长针，钩针再次挂线，一次引拔穿过针上的最后3个线圈。

2针长长针的反拉针并1针：钩2针未完成的长长针的反拉针，钩针再次挂线，从钩针上的3个线圈中一次性引拔出。

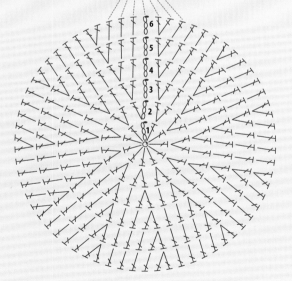

■ 米色
■ 粉红色

俏皮的小玩意儿

帽子周长：28厘米

材料和工具
- 棉线/各1团：栗色、白色
- 钩针3.5/0号
- 和线粗细匹配的缝针、刺绣针，剪刀、布艺胶水（任意）

技法
- 钩针：锁针、引拔针、短针、短针的条纹针、中长针、长针、2针长针并1针，参见图解

鞋子的编织方法

左脚的鞋子
用栗色线，钩15针锁针起针。
第1圈：在第1针锁针里钩1针锁针和3针短针，8针短针，1针中长针，4针长针，为了钩织另一边，在锁针链上最后1针锁针上钩7针长针，随后在锁针链上钩4针长针，1针中长针，8针短针，在锁针链的第1针上钩2针短针，在最初的锁针上钩1针引拔针结束此圈。
第2~16圈：参照图解钩织，剪线。

右脚的鞋子
和左脚的鞋子同样的方法钩织，但要左右对称。

组合

每只鞋子
用白色线，在鞋口钩织一圈短针边缘。
将鞋口往外翻，做出一个翻边。

鞋子

左脚的鞋子
(钩针3.5/0号)

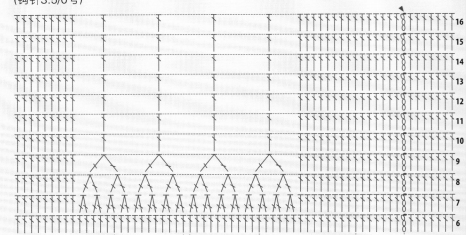

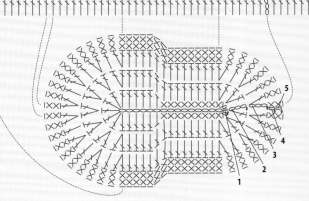

图解说明

- ◂ 剪线
- ᴑ 锁针：钩针挂线，将线从线圈中拉出。
- • 引拔针：钩针插入前一行针目头部的2根线中，钩针挂线并引拔出。
- × 短针：钩针插入锁针的里山，钩针挂线并拉出。再次挂线，从钩针上的2个线圈中引拔出。
- T 中长针：钩针挂线，插入锁针的里山，钩针再次挂线并拉出。再次挂线，从钩针上的3个线圈中一次性引拔出。
- ∤ 长针：钩针挂线，插入锁针的里山，钩针再次挂线并拉出。重复（钩针挂线，从2个线圈中一次性引拔出）。
- A 2针长针并1针：钩2针未完成的长针，钩针再次挂线，从针上的3个线圈中一次性引拔出。
- ⣼ 短针的条纹针：挑取前一行短针头部的后半针钩织短针。

- ■ 栗色
- ■ 白色

毛线帽的编织方法

用栗色线，环形绕线起针。

第1圈：立织3针锁针（=1针长针），10针长针，在最初的第3针锁针上钩1针引拔针结束此圈。

第2~17圈：参照图解钩织，剪线。

第18行（护耳）：根据图示加线，立织3针锁针（=1针长针），9针长针，2针长针并1针。翻转织片。

第19~26行：参照图解钩织，剪线。

钩第2个护耳，与第1个护耳间距21针。剪线。

耳朵（2只）

用白色线，环形绕线起针。

第1圈：立织3针锁针（=1针长针），9针长针，在最初的第3针锁针上钩1针引拔针结束此圈。

第2~4圈：参照图解钩织，剪线。

钩2只相同的耳朵。

组合

用白色线，在帽口钩织一圈短针边缘。缝上耳朵。

用白色线和栗色线在护耳下面编大约15厘米长的辫子。

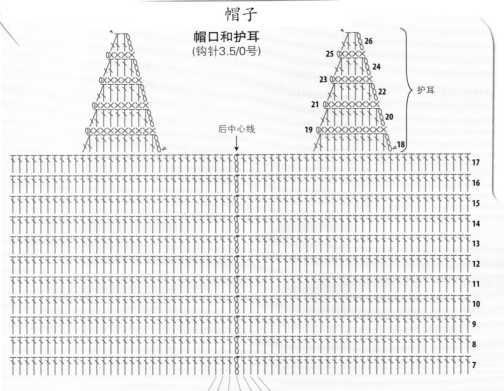

帽子
帽口和护耳
（钩针3.5/0号）

后中心线

护耳

耳朵×2
（钩针3.5/0号）

图解说明

◀ 剪线

◁ 加线

◯ 环形绕线起针

‑ **锁针**：针上挂线，将线从线圈中拉出。

‑ **引拔针**：钩针插入前一行针目头部的2根线中，钩针挂线并引拔出。

× **短针**：钩针插入锁针的里山，钩针挂线并拉出。再次挂线，从钩针上的2个线圈中引拔出。

┬ **长针**：钩针挂线，插入锁针的里山，钩针再次挂线并拉出。重复（钩针挂线，从2个线圈中一次性引拔出）。

⋀ **2针长针并1针**：钩2针未完成的长针，钩针挂线，从针上的3个线圈中一次性引拔出。

■ 栗色
■ 白色

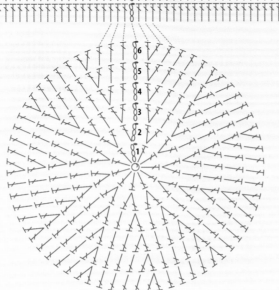

美式橄榄球

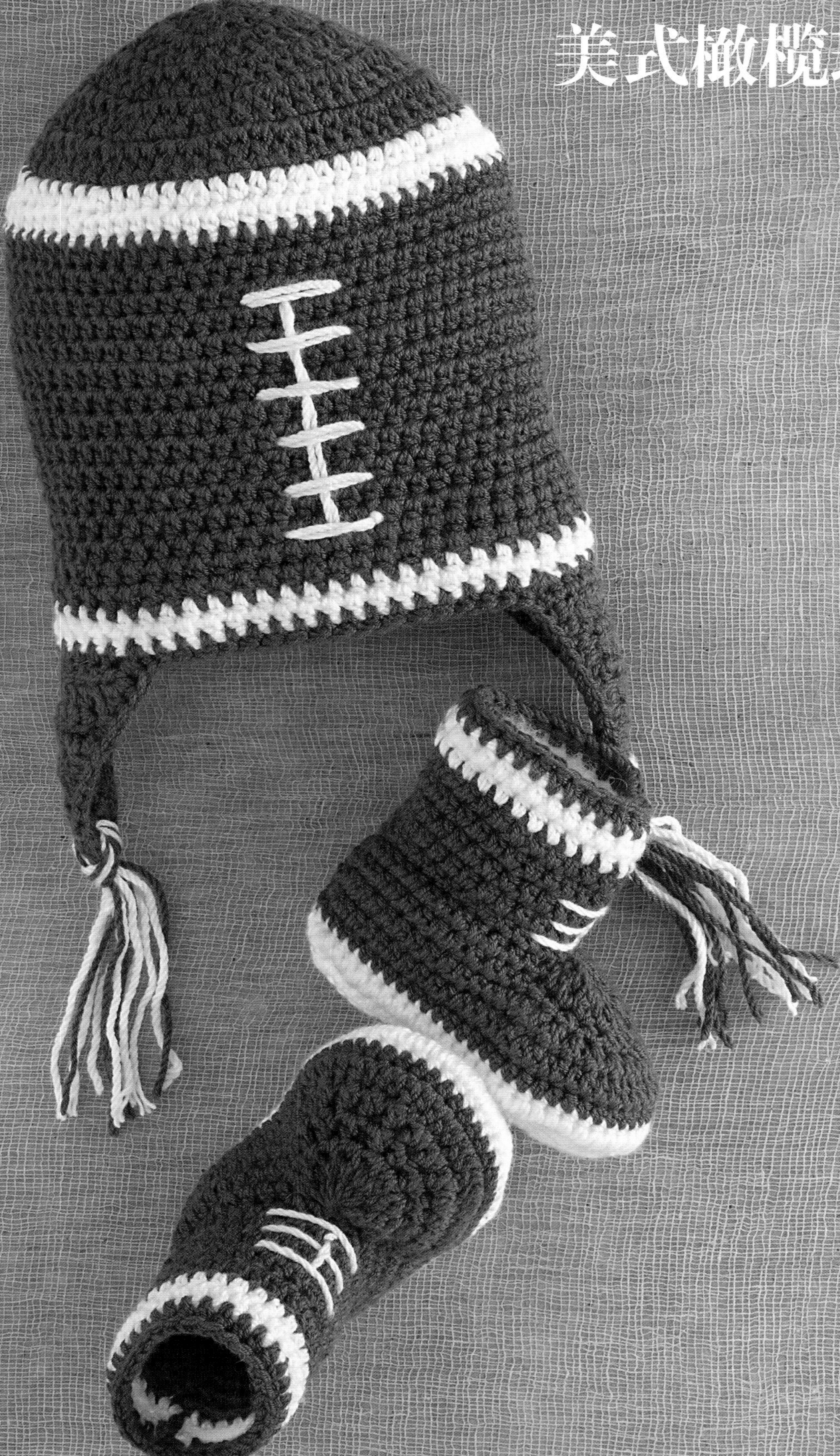

美式橄榄球

帽子周长：28厘米

材料和工具

- 棉线/各1团：栗色、白色
- 适量粗白色棉线（鞋子）
- 钩针3.5/0号
- 和线的粗细相匹配的缝针、剪刀、布艺胶水（任意）

技法

- 钩针：锁针、引拔针、短针、中长针、长针、并针
  等，参见图解
- 刺绣：直线绣见p.110
- 流苏：见p.111

鞋子的编织方法

左脚的鞋子

用白色线，钩15针锁针起针。

第1圈： 在第1针锁针里钩1针锁针和3针短针，7针短针，1针中长针，5针长针，为了钩织另一边，在最后1针锁针上钩7针长针，随后在锁针链上钩5针长针，1针中长针，7针短针，在锁针链上的第1针上钩2针短针，在最初的锁针上钩1针引拔针结束此圈。

第2~17圈： 参照图解钩织，剪线。

右脚的鞋子

和左脚的鞋子用同样的方法钩织，但要左右对称。

组合

每只鞋子

藏好线头。
如图所示用白色线，在鞋面上做直线绣绣出鞋带。

鞋子

左脚的鞋子
(钩针3.5/0号)

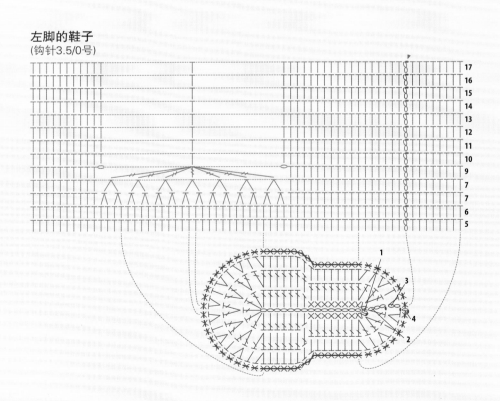

毛线帽的编织方法

用栗色线，环形绕线起针。

第1圈： 立织3针锁针（=1针长针），10针长针，在最初的第3针锁针上钩1针引拔针结束此圈。

第2~25圈： 参照图解钩织，剪线。

第26行（护耳）： 根据图示加线，立织2针锁针（=1针中长针），9针中长针。翻转织片。

第27~34行： 参照图解钩织，剪线。

钩第2个护耳，与第1个护耳间距23针。剪线。

组合

用栗色线，在帽口钩一圈短针边缘。

藏好线头。

用1根栗色线和1根白色线，在护耳下面做1条约10厘米长的流苏。

如图所示用白色线，在帽子上做直线绣绣一些长条线。

帽子

帽口和护耳
(钩针3.5/0号)

护耳

后中心线

图解说明

◀ 剪线

◁ 加线

⟲ 绕线环形起针

╺ **锁针：** 钩针挂线，将线从线圈中拉出。

‒ **引拔针：** 钩针插入前一行针目头部的2根线中，钩针挂线并引拔出。

✕ **短针：** 钩针插入锁针的里山，钩针挂线并拉出。再次挂线，从钩针上的2个线圈中引拔出。

Τ **中长针：** 钩针挂线，插入锁针的里山，钩针再次挂线并拉出。再次挂线，从钩针上的3个线圈中一次性引拔出。

Ť **长针：** 钩针挂线，插入锁针的里山，钩针再次挂线并拉出。重复（钩针挂线，从2个线圈中一次性引拔出）。

Λ **2针中长针并1针：** 钩2针未完成的中长针，钩针再次挂线，从钩针上的3个线圈中一次性引拔出。

 7针长长针并1针： 钩7针未完成的长长针，钩针再次挂线，一次引拔穿过针上的最后8个线圈。

■ 栗色
■ 白色

可爱精灵A

帽子周长：38厘米

材料和工具

- 棉线/ 1团：米色
- 6个黑色纽扣，直径2厘米
- 钩针3.5/0号
- 和线的粗细相匹配的缝针、剪刀、布艺胶水（任意）

技法

- 钩针：锁针、引拔针、短针、放针、中长针、长针、2针长针并1针、反短针：参见图解

鞋子的编织方法

左脚的鞋子

钩15针锁针起针。

第1圈： 在第1针锁针里钩1针锁针和2针短针，13针短针，为了钩织另一边，在锁针链最后1针锁针上钩3针短针，随后在锁针链上钩13针短针，在锁针链的第1针上钩1针短针，在最初的锁针上钩1针引拔针结束此圈。

第2~13圈： 参照图解钩织，剪线。

右脚的鞋子

和左脚的鞋子用同样的方法钩织，但要左右对称。

鞋襻（2个）

钩10针锁针起针。

第1圈： 在第1针锁针里钩1针锁针和2针短针，8针短针，为了钩织另一边，在锁针链最后1针锁针上钩3针短针，随后在锁针链上钩8针短针，在锁针链的第1针上钩1针短针，在最初的锁针上钩1针引拔针结束此圈。

第2~4圈： 参照图解钩织，剪线。

钩2个相同的装饰鞋襻（每只鞋子1个）。

组合

每只鞋子

藏好线头。

将鞋襻放在鞋面中心，为了固定住鞋襻，将纽扣缝在鞋襻的两端。

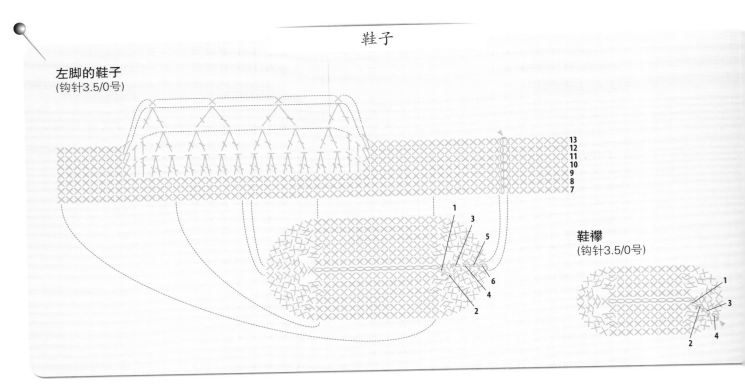

鞋子

左脚的鞋子
(钩针3.5/0号)

13
12
11
10
9
8
7

鞋襻
(钩针3.5/0号)

毛线帽的编织方法

环形绕线起针。

第1圈：1针锁针，12针短针，在最初的锁针上钩1针引拔针结束此圈。

第2~16圈：参照图解钩织。

第17行（帽檐）：1针锁针，42针短针，翻转织片。

第18行：1针锁针，跳过1针，1针短针，1针中长针，36针长针，1针中长针，1针短针，1针锁针，跳过1针，1针锁针，翻转织片。

第19圈（边缘编织）：立织1针锁针，在帽口边缘钩1圈短针，在最初的锁针上钩1针引拔针结束此圈。

第20圈：1针锁针，钩1圈反短针，在最初的锁针上钩1针引拔针结束此圈。剪线。

装饰带

钩45针锁针起针，立织3针锁针（=1针长针），44针长针。剪线。

组合

藏好线头。

将装饰带放在帽檐的上方，将两个纽扣缝在装饰带两端，固定在帽子上。

帽子

帽子
（钩针3.5/0号）

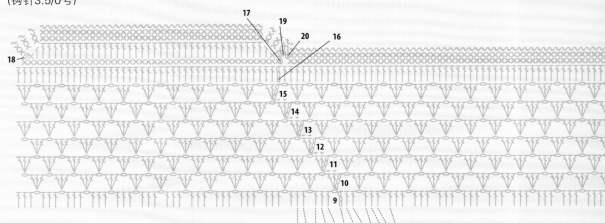

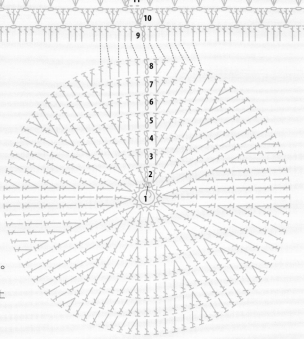

图解说明

◀ 剪线

◯ 环形绕线起针

‑ **锁针**：钩针挂线，将线从线圈中拉出。

‑ **引拔针**：钩针插入前一行针目头部的2根线中，钩针挂线并引拔出。

× **短针**：钩针插入锁针的里山，针上挂线并拉出。再次挂线，从钩针上的2个线圈中引拔出。

⊤ **中长针**：钩针挂线，插入锁针的里山，钩针再次挂线并拉出。再次挂线，从钩针上的3个线圈中一次性引拔出。

⊤ **长针**：钩针挂线，插入锁针的里山，钩针再次挂线并拉出。重复（钩针挂线，从2个线圈中一次性引拔出）。

⋀ **2针长针并1针**：钩2针未完成的长针，钩针挂线，从钩针上的3个线圈中一次性引拔出。

⋎ **反短针**：钩从左到右方向的短针。

▪ 淡茶色

可爱精灵B

可爱精灵B

帽子周长：38厘米

材料和工具

- 棉线/11团：绿色
- 2个木质纽扣，直径2厘米（毛线帽）
- 4个木质纽扣，直径1厘米（鞋子）
- 钩针3/0号、4/0号
- 和线粗细匹配的缝针、剪刀、布艺胶水（任意）

技法

- 钩针：锁针、引拔针、短针、短针的条纹针、中长针、长针、长长针、并针、放针，参见图解

鞋子的编织方法

贴士： 鞋子和鞋襻都是使用3/0号针钩织。

左脚的鞋子

钩11针锁针起针。

第1圈： 在第1针锁针里钩1针锁针和3针短针，6针短针，1针中长针，2针长针，为了钩织另一边，在锁针链最后1针锁针上钩7针长针，随后在锁针链上钩2针长针，1针中长针，6针短针，在锁针链的第1针上钩2针短针，在最初的锁针上钩1针引拔针结束此圈。

第2~9圈： 参照图解钩织，剪线。

右脚的鞋子

和左脚的鞋子用同样的方法钩织。

鞋襻（2个）

钩12针锁针起针。

第1圈： 立织3针锁针（=1针长针），10针长针，为了钩织另一边，在锁针链最后1针锁针上钩5针长针，随后在锁针链上钩10针长针，在锁针链的第1针上钩4针长针，在最初的第3针锁针上钩1针引拔针结束此圈。

第2圈： 参照图解钩织，剪线。

钩2个相同的鞋襻。（每只鞋子1个）

组合

每只鞋子

藏好线头。

将鞋襻放在鞋面中心，为了固定住鞋襻，将纽扣缝在鞋襻的两端。

鞋子

左脚的鞋子
(钩针3/0号)

鞋襻
(钩针3/0号)

12针锁针链

毛线帽的编织方法

贴士： 帽子和装饰带都用4/0号钩针钩织。

环形绕线起针。
第1圈： 立织3针锁针（=1针长针），10针长针，在最初的第3针锁针上钩1针引拔针结束此圈。
第2~13圈： 参照图解钩织，剪线。

装饰带

钩26针锁针起针，立织3针锁针，随后在锁针链上钩26针长针。在锁针链的最后1针锁针上钩3针锁针和1针引拔针。剪线。

组合

藏好线头。
将装饰带放在毛线帽上面，将两个大纽扣缝在装饰带两端固定。

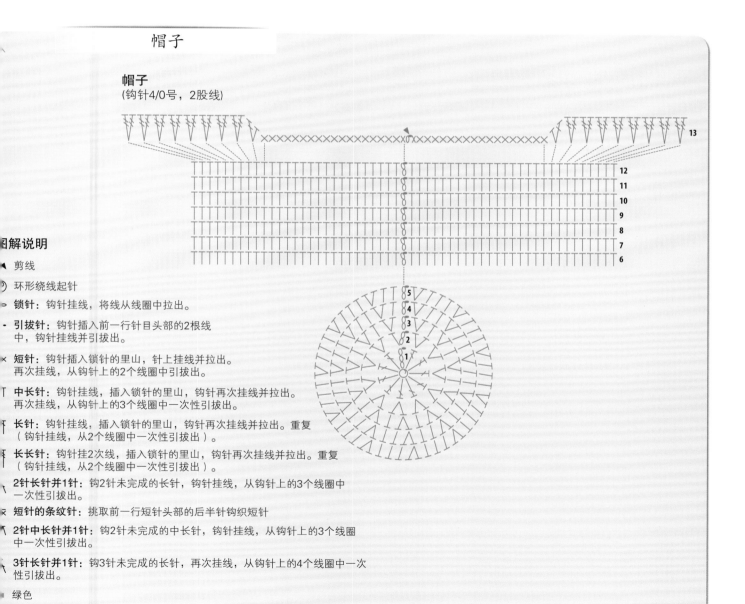

帽子

帽子
(钩针4/0号，2股线)

13
12
11
10
9
8
7
6
5
4
3
2
1

图解说明

◀ 剪线

⟳ 环形绕线起针

ο **锁针：** 钩针挂线，将线从线圈中拉出。

— **引拔针：** 钩针插入前一行针目头部的2根线中，钩针挂线并引拔出。

× **短针：** 钩针插入锁针的里山，针上挂线并拉出。再次挂线，从钩针上的2个线圈中引拔出。

T **中长针：** 钩针挂线，插入锁针的里山，钩针再次挂线并拉出。再次挂线，从钩针上的3个线圈中一次性引拔出。

⊤ **长针：** 钩针挂线，插入锁针的里山，钩针再次挂线并拉出。重复（钩针挂线，从2个线圈中一次性引拔出）。

⊤ **长长针：** 钩针挂2次线，插入锁针的里山，钩针再次挂线并拉出。重复（钩针挂线，从2个线圈中一次性引拔出）。

⋏ **2针长针并1针：** 钩2针未完成的长针，钩针挂线，从钩针上的3个线圈中一次性引拔出。

⋉ **短针的条纹针：** 挑取前一行短针头部的后半针钩织短针

⋏ **2针中长针并1针：** 钩2针未完成的中长针，钩针挂线，从钩针上的3个线圈中一次性引拔出。

⋏ **3针长针并1针：** 钩3针未完成的长针，再次挂线，从钩针上的4个线圈中一次性引拔出。

■ 绿色

可爱精灵C

帽子周长：30厘米

材料和工具
- 棉线/各1团：蓝色、白色、黑色
- 2个海军蓝色纽扣，直径1.5厘米（毛线鞋）
- 钩针3/0号
- 和线粗细匹配的缝针、剪刀、布艺胶水（任意）

技法
- 钩针：锁针、引拔针、短针、并针、中长针、长针、条纹针，参见图解

鞋子的编织方法

左脚的鞋子
用蓝色线，钩13针锁针起针。

第1圈：在第1针锁针里钩3针锁针（=1针长针）和3针长针，11针长针，为了钩织另一边，在最后1针锁针里钩7针长针，随后在锁针链上钩11针长针，在锁针链的第1针上钩3针长针，在最初的第3针锁针上钩1针引拔针结束此圈。

第2~8圈：参照图解钩织，剪线。

鞋襻
用蓝色线，钩6针锁针起针。

第1~6行：立织3针锁针（=1针长针），5针长针。翻转织片。

在第6行最后，剪线。

钩同样的两个鞋襻。（每只鞋子1个）

右脚的鞋子
和左脚的鞋子用同样方法钩织。

组合

每只鞋子
藏好线头。

用黑色线，在第3圈长针上空余的地方钩1圈引拔针，为了突出鞋底的轮廓。

在鞋面上缝上鞋襻，缝上装饰纽扣。

贴士： 两个纽扣的位置要对称。

鞋子

左脚的鞋子
(钩针3/0号)

■ 蓝色

毛线帽的编织方法

用蓝色线，环形绕线起针。

第1圈： 立织3针锁针（＝1针长针），14针长针，在最初的第3针锁针上钩1针引拔针结束此圈。

第2~24圈： 参照图解钩织，剪线。

第25行（帽舌）： 根据图示加线，立织2针锁针（＝1针中长针），25针中长针，2针中长针并1针，翻转织片。

第26、27行： 参照图解钩织，剪线。

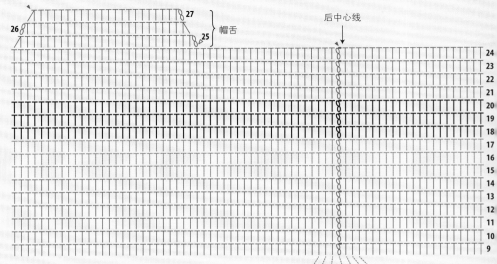

帽子

帽子
(钩针3/0号)

图解说明

◀ 剪线

◁ 加线

○ 环形绕线起针

○ **锁针：** 钩针挂线，将线从线圈中拉出。

- **引拔针：** 钩针插入前一行针目头部的2根线中，钩针挂线并引拔出。

× **短针：** 钩针插入锁针的里山，针上挂线并拉出。再次挂线，从钩针上的2个线圈中引拔出。

丁 **中长针：** 钩针挂线，插入锁针的里山，钩针再次挂线并拉出。再次挂线，从钩针上的3个线圈中一次性引拔出。

卞 **长针：** 钩针挂线，插入锁针的里山，钩针再次挂线并拉出。重复（钩针挂线，从2个线圈中一次性引拔出）。

爪 **2针中长针并1针：** 钩2针未完成的中长针，再次挂线，从钩针上的3个线圈中一次性引拔出。

千 **长针的条纹针：** 挑取前一行针目头部的后半针编织长针。

木 **2针长针的条纹针并1针：** 钩2针未完成的长针的条纹针，钩针挂线，一次性引拔穿过针上的最后3个线圈。

木 **3针长针并1针：** 钩3针未完成的长针，再次挂线，从钩针上的4个线圈中一次性引拔出。

■ 蓝色

□ 白色

■ 黑色

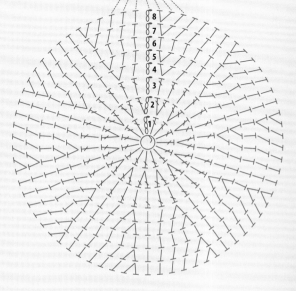

海滩风光

海滩风光

毛线帽周长：44厘米

鞋子的编织方法

贴士：鞋子和鞋襻都使用3/0号针钩织。

左脚的鞋子

用海军蓝色线，钩13针锁针起针。

第1圈：在第1针锁针里钩1针锁针和3针短针，6针短针，1针中长针，4针长针，为了钩织另一边，在最后1针锁针上钩7针长针，随后在锁针链上钩4针长针，1针中长针，6针短针，在锁针链的第1针上钩2针短针，在最初的锁针上钩1针引拔针结束此圈。

第2~11圈：参照图解钩织，剪线。

右脚的鞋子

和左脚的鞋子用同样方法钩织。

鞋襻（2个）

用白色线，钩8针锁针起针。

第1圈：立织3针锁针（=1针长针），6针长针，为了钩织另一边，在最后1针锁针上钩7针长针，随后在锁针链上钩6针长针，在锁针链的第1针上钩6针长针，在最初的第3针锁针上钩1针引拔针结束此圈。

第2圈：参照图解钩织，剪线。

钩2个相同的鞋襻。（每只鞋子1个）

圆片（4个）

用海军蓝色线，环形绕线起针。

第1圈：立织2针锁针（=1针中长针），9针中长针，在开始的第2针锁针上钩1针引拔针结束此圈。剪线。钩4个同样的圆片（每只鞋子2个）。

组合

每只鞋子

藏好线头。

将鞋襻缝在鞋面的中间，两端缝上圆片。

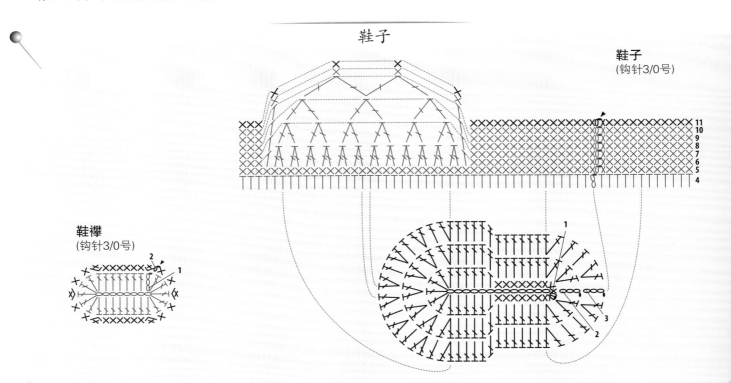

鞋子

鞋子
(钩针3/0号)

鞋襻
(钩针3/0号)

毛线帽的编织方法

贴士：帽子和帽饰都是使用3.5/0号针钩织。

用白色线，环形绕线起针。

第1圈：立织3针锁针（=1针长针），11针长针，在最初的第3针锁针上钩1针引拔针结束此圈。

第2~20圈：参照图解钩织，剪线。

帽饰

用白色线，钩11针锁针起针。

第1圈：立织3针锁针（=1针长针），9针长针，为了钩织另一边，在最后1针锁针上钩7针长针，随后在锁针链上钩9针长针，在锁针链的第1针上钩6针长针，在最初的第3针锁针上钩1针引拔针结束此圈。

第2圈：参照图解钩织，剪线。

圆片（2个）

用海军蓝色线，环形绕线起针。

第1圈：立织2针锁针（=1针中长针），9针中长针，在开始的第2针锁针上钩1针引拔针结束此圈。剪线。钩2个同样的圆片。

组合

藏好线头。

将2个圆片缝在帽饰的两端，将帽饰缝在毛线帽第一条蓝色条纹上。

帽子
(钩针3.5/0号)

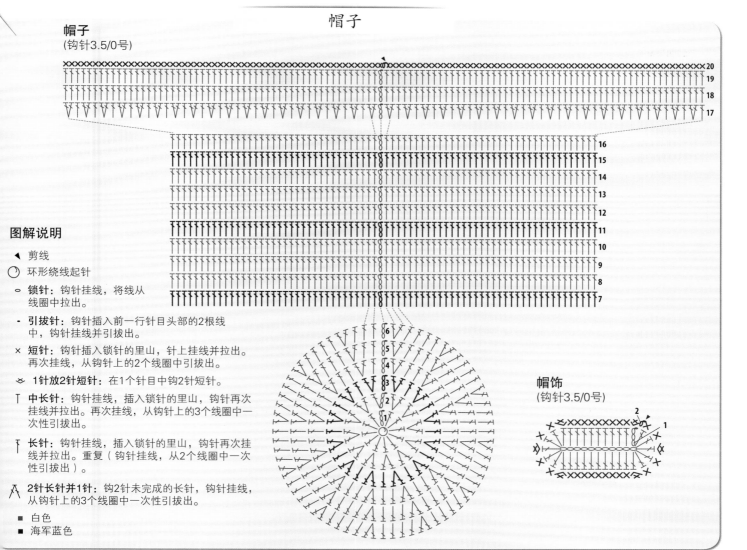

图解说明

◄ 剪线

◯ 环形绕线起针

o 锁针：钩针挂线，将线从线圈中拉出。

- 引拔针：钩针插入前一行针目头部的2根线中，钩针挂线并引拔出。

× 短针：钩针插入锁针的里山，针上挂线并拉出。再次挂线，从钩针上的2个线圈中引拔出。

⩔ 1针放2针短针：在1个针目中钩2针短针。

T 中长针：钩针挂线，插入锁针的里山，钩针再次挂线并拉出。再次挂线，从钩针上的3个线圈中一次性引拔出。

T 长针：钩针挂线，插入锁针的里山，钩针再次挂线并拉出。重复（钩针挂线，从2个线圈中一次性引拔出）。

人 2针长针并1针：钩2针未完成的长针，钩针挂线，从钩针上的3个线圈中一次性引拔出。

■ 白色
■ 海军蓝色

帽饰
(钩针3.5/0号)

小小水手A

帽子周长：38厘米

材料和工具

- 棉线/各1团：海军蓝色、白色
- 适量红色棉线
- 钩针3/0号
- 和线粗细匹配的缝针、刺绣针，剪刀、布艺胶水（任意）

技法

- 钩针：锁针、引拔针、短针、长针：参见图解
- 刺绣：直线绣：见p.110

鞋子的编织方法

左脚的运动鞋

鞋底

用海军蓝色线，钩12针锁针起针。

第1圈：在第1针锁针里钩3针锁针（=1针长针）和3针长针，10针长针，为了钩织另一边，在最后1针锁针上钩7针长针，随后在锁针链上钩10针长针，在锁针链的最后1针上钩3针长针，在最初的第3针锁针上钩1针引拔针结束此圈。

第2~6圈：参照图解钩织，剪线。

运动鞋

左脚的运动鞋
(钩针3/0号)

3.钩织鞋舌

4.将鞋舌缝在鞋底上

2.钩织鞋帮

1.钩织鞋底

图解说明

- ◀ 剪线
- ◁ 加线
- ⟲ 环形绕线起针
- ⟜ **锁针**：钩针挂线，将线从线圈中拉出
- - **引拔针**：钩针插入前一行针目头部的2根线中，钩针挂线并引拔出
- × **短针**：钩针插入锁针的里山，针上挂线并拉出。再次挂线，从钩针上的2个线圈中引拔出。
- ⊤ **长针**：钩针挂线，插入锁针的里山，钩针再次挂线并拉出。重复（钩针挂线，从2个线圈中一次性引拔出）。
- ▪ 白色
- ▪ 海军蓝色
- ▪ 红色

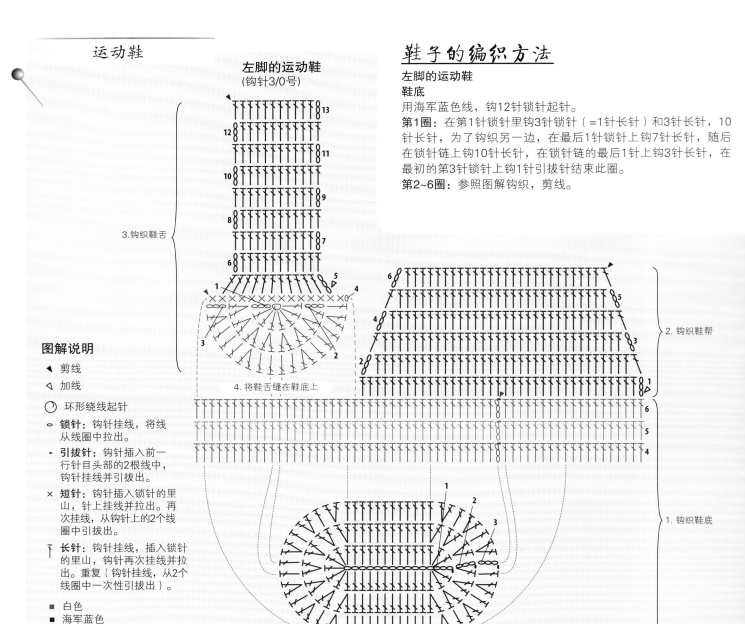

鞋帮

第1行：根据图示，加上海军蓝色线，立织3针锁针（=1针长针），37针长针。翻转织片。

第2~6行：参照图解钩织，剪线。

鞋舌

用白色线，环形绕线起针。

第1行：立织3针锁针（=1针长针），7针长针，翻转织片。

第2、3行：参照图解钩织。

第4行：将织片转动1/4圈，在半圆形的直线部分，钩1针锁针和14针短针。剪线。

第5行：根据图示，加上海军蓝色线，立织3针锁针（=1针长针），11针长针。翻转织片。

第6~13行：参照图解钩织，在最后一行的末端剪线。

在鞋舌的前端（在鞋帮两边）用藏针缝将鞋舌和鞋底缝合在一起，如图所示。

右脚的运动鞋

和左脚的运动鞋用同样的方法钩织。

饰片（2个）

用白色线，环形绕线起针。

第1圈：立织3针锁针（=1针长针），12针长针，在最初的第3针锁针上钩1针引拔针结束此圈。

钩2个同样的饰片。（每只运动鞋1个）

组合

每只鞋子

藏好线头。

用白色线，用藏针缝将饰片缝在运动鞋的两边。再用红色线，如图做直线绣。

用白色线，钩约120厘米长的锁针链。（鞋带）

将鞋带穿过鞋帮的两边，随后打结。（见右图）

毛线帽的编织方法

用白色线，环形绕线起针。

第1圈：立织3针锁针（=1针长针），12针长针，在最初的第3针锁针上钩1针引拔针结束此圈。

第2~22圈：参照图解钩织，剪线。

饰片

用白色线，按照毛线帽的前两圈的方法钩织，剪线。

组合

藏好线头。

用红色线，如图在白色饰片上做直线绣。（见下图）

帽子

帽子
(钩针3/0号)

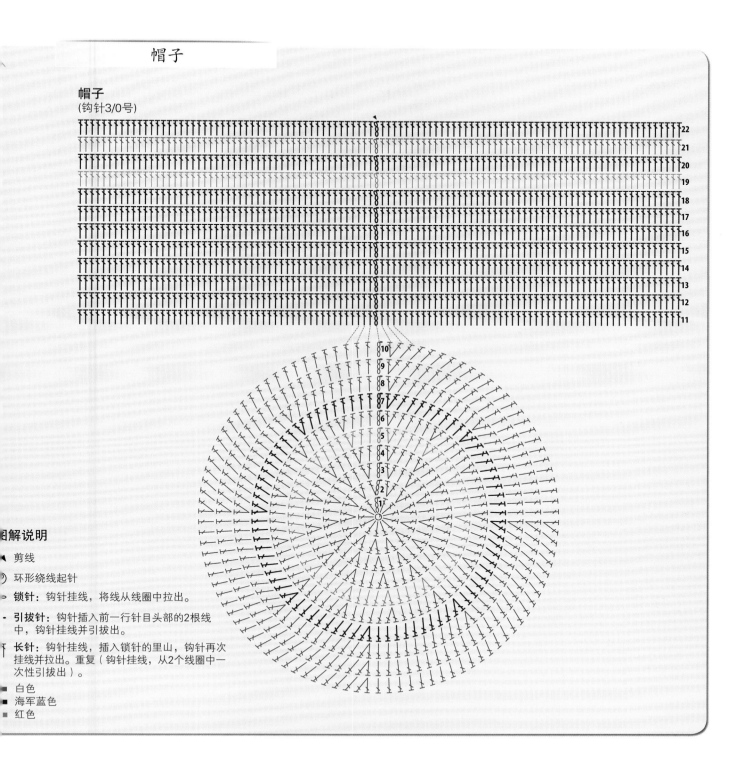

图解说明

◄ 剪线

◯ 环形绕线起针

⊃ **锁针**：钩针挂线，将线从线圈中拉出。

- **引拔针**：钩针插入前一行针目头部的2根线中，钩针挂线并引拔出。

↑ **长针**：钩针挂线，插入锁针的里山，钩针再次挂线并拉出。重复（钩针挂线，从2个线圈中一次性引拔出）。

■ 白色
■ 海军蓝色
■ 红色

小小水手B

帽子周长：38厘米

材料和工具

- 棉线/各1团：红色、白色
- 适量黑色棉线
- 钩针3/0号
- 和线粗细匹配的缝针、剪刀、布艺胶水（任意）

技法

- 钩针：锁针、引拔针、短针、长针，参见图解

毛线帽的编织方法

用红色线，环形绕线起针。

第1圈：立织3针锁针（=1针长针），10针长针，在最初的第3针锁针上钩1针引拔针结束此圈。

第2~16圈：参照图解钩织，剪线。

藏好线头。

帽子

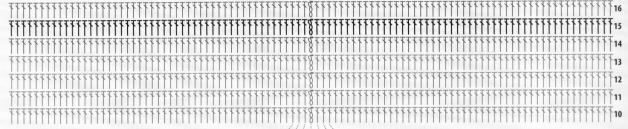

帽子
（钩针3/0号）

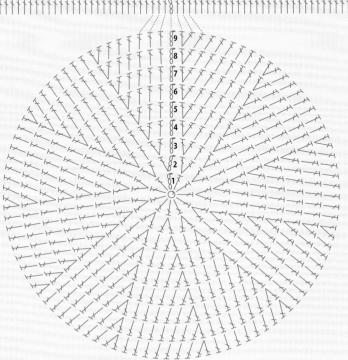

图解说明

- ◀ 剪线
- ⟲ 环形绕线起针
- ⌒ 锁针：钩针挂线，将线从线圈中拉出
- • 引拔针：钩针插入前一行针目头部的2根线中，钩针挂线并引拔出。
- ┬ 长针：钩针挂线，插入锁针的里山，钩针再次挂线并拉出。重复（钩针挂线，从2个线圈中一次性引拔出）。
- ■ 红色
- ■ 白色
- ■ 黑色

鞋子的编织方法

左脚的运动鞋

鞋底
用白色线，钩12针锁针起针。

第1圈：在第1针锁针里钩3针锁针（=1针长针）和3针长针，10针长针，为了钩织另一边，在最后1针锁针上钩7针长针，随后在锁针链上钩10针长针，在锁针链的最后1针上钩3针长针，在最初的第3针锁针上钩1针引拔针结束此圈。

第2~6圈：参照图解钩织，剪线。

鞋帮
第1行：根据图示，加上黑色线，立织3针锁针（=1针长针），37针长针。翻转织片。

第2~7圈：参照图解钩织，剪线。

鞋舌
用白色线，环形绕线起针。

第1行：立织3针锁针（=1针长针），7针长针，翻转织片。

第2、3行：参照图解钩织。

第4行：将织片转动1/4圈，在半圆形的直线部分，钩1针锁针和14针短针。翻转织片。

第5行：将引拔针前移到指明的1针上，立织3针锁针（=1针长针），11针长针。翻转织片。

第6~13行：参照图解钩织。
在最后一行的末端剪线。

用引拔针将鞋舌的前端与鞋帮、鞋底缝合。

右脚的运动鞋
和左脚的运动鞋用同样的方法钩织。

饰片（2个）
用白色线，环形绕线起针。

第1圈：立织3针锁针（=1针长针），12针长针，在最初的第3针锁针上钩1针针引拔针结束此圈。
钩2个同样的饰片。（每只运动鞋1个）

组合

每只鞋子
藏好线头。
用白色线，用藏针缝将饰片缝在运动鞋的两边。
用白色线，钩约120厘米长的锁针链作为鞋带。
将鞋带穿过鞋帮的两边，随后打结。（见上图）

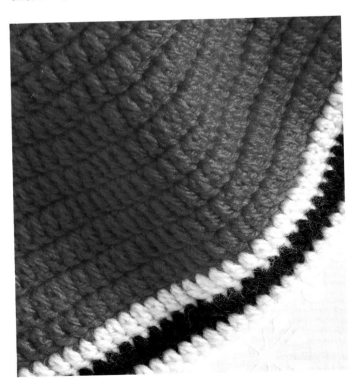

运动鞋

左脚的运动鞋
(钩针3/0号)

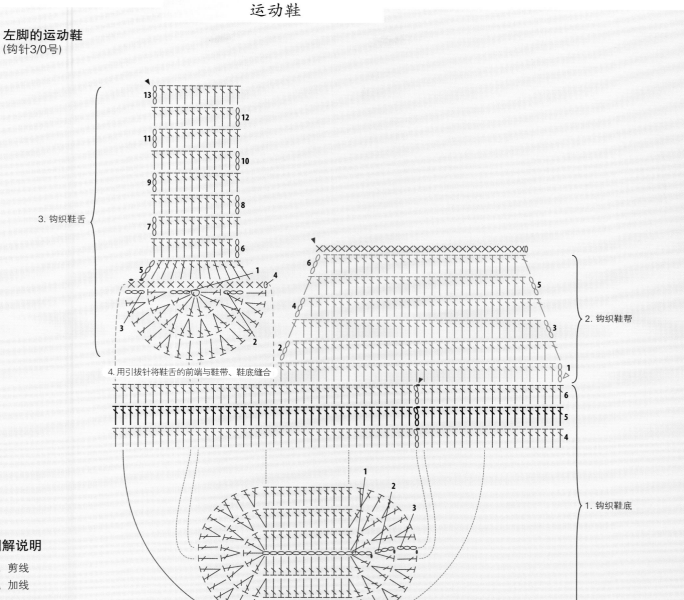

3. 钩织鞋舌

4. 用引拔针将鞋舌的前端与鞋带、鞋底缝合

2. 钩织鞋帮

1. 钩织鞋底

图解说明

◀ 剪线

◁ 加线

⊖ 环形绕线起针

○ **锁针**：钩针挂线，将线从线圈中拉出。

- **引拔针**：钩针插入前一行针目头部的2根线中，
  钩针挂线并引拔出。

× **短针**：钩针插入锁针的里山，针上挂线并拉出。
  再次挂线，从钩针上的2个线圈中引拔出。

下 **长针**：钩针挂线，插入锁针的里山，钩针再次挂线并拉出。
  重复（钩针挂线，从2个线圈中一次性引拔出）。

■ 白色
■ 黑色
■ 红色

小小海军

帽子周长：36厘米

材料和工具
- 棉线/ 1团：海军蓝色
- 适量的棉线：白色、蓝色
- 2个白色纽扣，直径1.5厘米（鞋子）
- 钩针3.5/0号
- 和线粗细匹配的缝针、剪刀、布艺胶水（任意）

技法
- 钩针：锁针、引拔针、短针、中长针、长针、反短针、放针、并针、条纹针，参见图解

毛线帽的编织方法

用海军蓝色线，环形绕线起针。
第1圈：1针锁针，12针短针，在最初的锁针上钩1针引拔针结束此圈。
第2~20圈：参照图解钩织，剪线。
藏好线头。

帽子

帽子
(钩针3.5/0号)

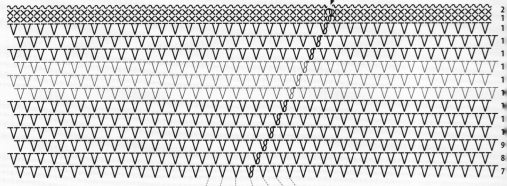

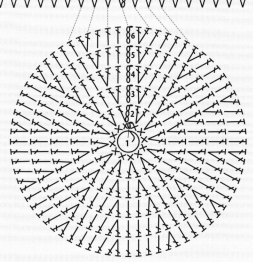

图解说明

◤ 剪线

◯ 环形绕线起针

⌒ **锁针**：钩针挂线，将线从线圈中拉出。

- **引拔针**：钩针插入前一行针目头部的2根线中，钩针挂线并引拔出。

× **短针**：钩针插入锁针的里山，钩针挂线并拉出。
再次挂线，从钩针上的2个线圈中引拔出。

丅 **中长针**：钩针挂线，插入锁针的里山，钩针再次挂线并拉出。再次挂线，从钩针上的3个线圈中一次性引拔出。

千 **长针**：钩针挂线，插入锁针的里山，钩针再次挂线并拉出。重复（钩针挂线，从2个线圈中一次性引拔出）。

⊗ **反短针**：见p.108。

■ 海军蓝色
□ 白色
■ 蓝色

鞋子的编织方法

左脚的鞋子

用海军蓝色线，钩13针锁针起针。

第1圈：1针锁针，12针短针，为了钩织另一边，在最后1针锁针上钩3针短针，随后在锁针链上钩11针短针，在锁针链的第1针上钩2针短针，在最初的锁针上钩1针引拔针结束此圈。

第2~11圈：参照图解钩织，剪线。

右脚的鞋子

和左脚的鞋子用同样的方法钩织。

鞋襻（2个）

用海军蓝色线，钩7针锁针起针。

第1行：1针锁针，7针短针，翻转织片。

第2~14行：参照图解钩织，剪线。

钩2个相同的鞋襻。（每只鞋子1个）

组合

每只鞋子

藏好线头。

用海军蓝色线，在空余的短针部分钩一圈短针，为了突出鞋底的轮廓。

如图将鞋襻的一端缝在一侧鞋帮的底部。

将纽扣缝在鞋襻的另一端。

小贴士：第2只鞋子，将鞋襻对称缝合。

鞋子

左脚的鞋子
（钩针3.5/0号）

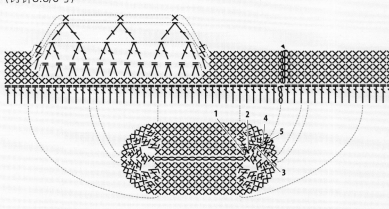

图解说明

◢ 剪线

◯ 环形绕线起针

∘ 锁针：钩针挂线，将线从线圈中拉出。

- 引拔针：钩针插入前一行针目头部的2根线中，钩针挂线并引拔出。

× 短针：钩针插入锁针的里山，针上挂线并拉出。再次挂线，从钩针上的2个线圈中引拔出。

⅍ 1针放2针短针：在1个针目中钩2针短针。

丅 中长针：钩针挂线，插入锁针的里山，钩针再次挂线并拉出。再次挂线，从钩针上的3个线圈中一次性引拔出。

⋏ 2针长针并1针：钩2针未完成的长针，钩针挂线，从针上的3个线圈中一次性引拔出。

⋏ 2针中长针的条纹针并1针：钩2针未完成的中长针条纹针，钩针挂线，从针上的3个线圈中一次性引拔出。

丅 长针的条纹针：挑取前一行针目头部的后半针钩织长针。

■ 海军蓝色

鞋襻×2
（钩针3.5/0号）

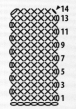

蓝色精灵

蓝色精灵

帽子周长：36厘米

材料和工具

- 棉线/各1团：蓝色、白色
- 适量的棉线：海军蓝色
- 2个木质纽扣，直径1.5厘米（鞋子）
- 钩针3.5/0号
- 和线粗细匹配的缝针、剪刀、布艺胶水（任意）

技法

- 钩针：锁针、引拔针、短针、中长针、长针、放针、2针长针并1针、2针中长针的条纹针并1针、反短针，参见图解
- 绒球：见p.111

毛线帽的编织方法

用蓝色线，环形绕线起针。
第1圈：1针锁针，12针短针，在最初的锁针上钩1针引拔针结束此圈。
第2~18圈：参照图解钩织，剪线。

组合

藏好线头。
用白色线，将直径5厘米的绒球缝在帽顶。

帽子

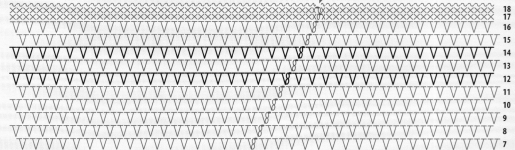

帽子
(钩针3.5/0号)

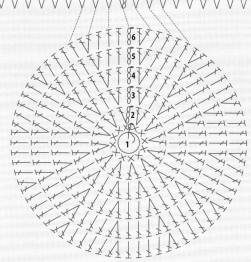

图解说明

- ◄ 剪线

- ⟆ 环形绕线起针

- ᵒ **锁针**：钩针挂线，将线从线圈中拉出。

- **引拔针**：钩针插入前一行针目头部的2根线中，钩针挂线并引拔出。

- ✕ **短针**：钩针插入锁针的里山，针上挂线并拉出。再次挂线，从钩针上的2个线圈中引拔出。

- ⊤ **中长针**：钩针挂线，插入锁针的里山，钩针再次挂线并拉出。再次挂线，从钩针上的3个线圈一次性引拔出。

- **长针**：钩针挂线，插入锁针的里山，钩针再次挂线并拉出。重复（钩针挂线，从2个线圈中一次性引拔出）。

- ✕ **反短针**：见p.108。

- ■ 蓝色
- ■ 海军蓝色
- □ 白色

鞋子的编织方法

左脚的鞋子

用蓝色线，钩13针锁针起针。

第1圈：1针锁针，12针短针，为了钩织另一边，在最后1针锁针上钩3针短针，随后在锁针链上钩11针短针，在锁针链的第1针上钩2针短针，在最初的锁针上钩1针引拔针结束此圈。

第2~11圈：参照图解钩织，剪线。

右脚的鞋子

和左脚的鞋子用同样方法钩织。

鞋襻（2个）

用蓝色线，钩7针锁针起针。

第1行：立织1针锁针，7针短针，翻转织片。

第2~14行：参照图解钩织，剪线。

钩2个相同的鞋襻。（每只鞋子1个）

组合

每只鞋子

藏好线头。

用白色线，在空余的短针部分钩一圈短针，为了凸显鞋底的轮廓。

如图将鞋襻的一端缝在一侧鞋帮的底部。

将纽扣缝在鞋襻的另一端。

小贴士：第2只鞋子，将鞋襻对称缝合。

鞋子

左脚的鞋子
(钩针3.5/0号)

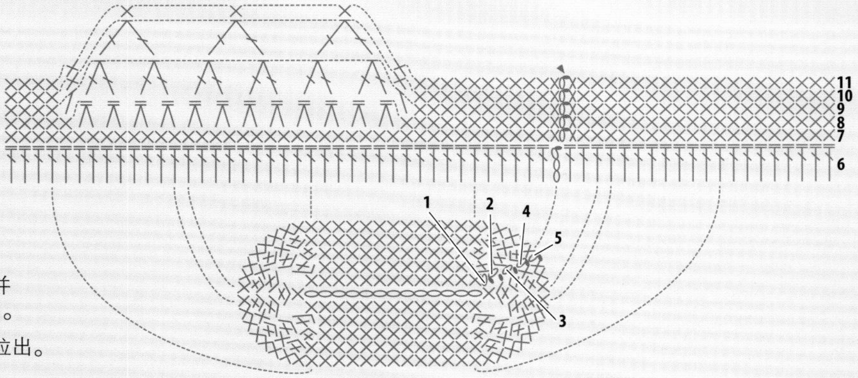

图解说明

◤ 剪线

◯ 环形绕线起针

○ 锁针：钩针挂线，将线从线圈中拉出。

－ 引拔针：钩针插入前一行针目头部的2根线中，钩针挂线并引拔出。

× 短针：钩针插入锁针的里山，针上挂线并拉出。再次挂线，从钩针上的2个线圈中引拔出。

† 中长针：钩针挂线，插入锁针的里山，钩针再次挂线并拉出。再次挂线，从钩针上的3个线圈中一次性引拔出。

† 长针：钩针挂线，插入锁针的里山，钩针再次挂线并拉出。重复（钩针挂线，从2个线圈中一次性引拔出）。

Λ 2针长针并1针：钩2针未完成的长针，钩针挂线，从针上的3个线圈中一次性引拔出。

∿ 1针放2针短针：在1个针目中钩2针短针。

Λ 2针中长针的条纹针并1针：钩2针未完成的中长针的条纹针，钩针挂线，一次引拔穿过针上的最后3个线圈。

† 长针的条纹针：挑取前一行针目头部的后半针钩织长针。

■ 蓝色

鞋襻×2
(钩针3.5/0号)

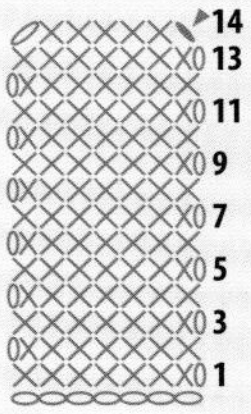

灰色小物

帽子周长：40厘米

鞋子的编织方法

左脚的鞋子

用灰色线，钩13针锁针起针。

第1圈：1针锁针，12针短针，为了钩织另一边，在最后1针锁针上钩3针短针，随后在锁针链上钩11针短针，在锁针链的第1针上钩2针短针，在最初的锁针上钩1针引拔针结束此圈。

第2~11圈：参照图解钩织，剪线。

右脚的鞋子

和左脚的鞋子用同样的方法钩织。

鞋襻（2个）

用灰色线，钩7针锁针起针。

第1行：立织1针锁针，7针短针，翻转织片。

第2~14行：参照图解钩织，剪线。

钩2个相同的鞋襻。（每只鞋子1个）

组合

每只鞋子

藏好线头。

用灰色线，在空余的短针部分钩一圈短针，以突出鞋底的轮廓。

如图将鞋襻的一端缝在一侧鞋帮的底部。

将纽扣缝在鞋襻的另一端。

小贴士：第2只鞋子，将鞋襻对称缝合。

鞋子

左脚的鞋子
(钩针3.5/0号)

图解说明

◄ 剪线

○ **锁针**：钩针挂线，将线从线圈中拉出。

－ **引拔针**：钩针插入前一行针目头部的2根线中，钩针挂线并引拔出。

✕ **短针**：钩针插入锁针的里山，针上挂线并拉出。再次挂线，从钩针上的2个线圈中引拔出。

Ŧ **中长针**：钩针挂线，插入锁针的里山，钩针再次挂线并拉出。再次挂线，从钩针上的3个线圈中一次性引拔出。

Ŧ **长针**：钩针挂线，插入锁针的里山，钩针再次挂线并拉出。重复（钩针挂线，从2个线圈中一次性引拔出）。

Λ **2针长针并1针**：钩2针未完成的长针，钩针挂线，从针上的3个线圈中一次性引拔出。

✧ **1针放2针短针**：在1个针目中钩2针短针。

Λ **2针中长针的条纹针并1针**：钩2针未完成的中长针的条纹针，钩针挂线，从针上的3个线圈中一次性引拔出。

Ŧ **长针的条纹针**：挑取前一行针目头部的后半针钩织长针。

■ 浅灰色

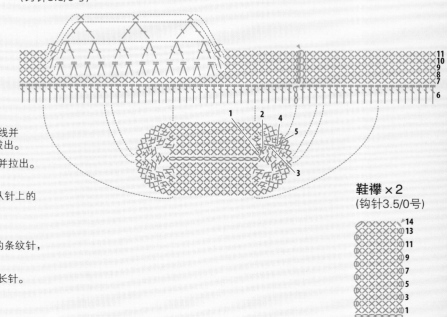

鞋襻×2
(钩针3.5/0号)

毛线帽的编织方法

用浅灰色线，环形绕线起针。

第1圈： 1针锁针，12针短针，在最初的锁针上钩1针引拔针结束此圈。

第2~16圈： 参照图解钩织，剪线。

蝴蝶结

用嫩粉色线，钩2针锁针起针。

第1圈： 1针锁针，1针短针，为了钩织另一边，在最后1针锁针上钩（1针短针，4针锁针，5针长长针，4针锁针和1针短针），在锁针链条开始的1针上钩（1针短针，4针锁针和5针长长针），4针锁针，在最初的锁针上钩1针引拔针结束此圈。剪线。

组合

藏好线头。

用嫩粉色线，在蝴蝶结中央绕几圈，然后将蝴蝶结缝在毛线帽嫩粉色处（如图所示）。

蝴蝶结
（钩针3.5/0号）

帽子

帽子
（钩针3.5/0号）

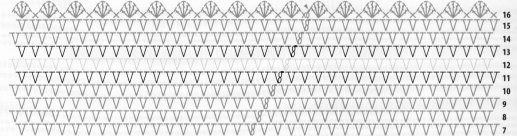

图解说明

◀ 剪线

◯ 环形绕线起针

◦ **锁针：** 钩针挂线，将线从线圈中拉出。

– **引拔针：** 钩针插入前一行针目头部的2根线中，钩针挂线并引拔出。

× **短针：** 钩针插入锁针的里山，针上挂线并拉出。再次挂线，从钩针上的2个线圈中引拔出。

T **中长针：** 钩针挂线，插入锁针的里山，钩针再次挂线并拉出。再次挂线，从钩针上的3个线圈中一次性引拔出。

↑ **长针：** 钩针挂线，插入锁针的里山，钩针再次挂线并拉出。重复（钩针挂线，从2个线圈中一次性引拔出）。

↑ **长长针：** 钩针挂2次线，插入锁针的里山，钩针再次挂线并拉出。重复（钩针挂线，从2个线圈中一次性引拔出）。

■ 浅灰色

■ 白色

■ 嫩粉色

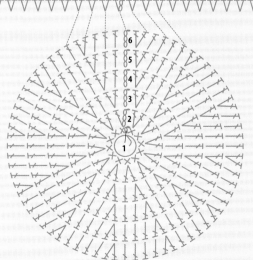

夏日阳光

夏日阳光

帽子周长：40厘米

材料和工具
- 棉线/1团：黄色
- 适量的棉线：深灰色、粉色
- 2个粉色纽扣，直径1厘米（鞋子）
- 钩针3.5/0号
- 和线粗细匹配的缝针、剪刀、布艺胶水（任意）

技法
- 钩针：锁针、引拔针、短针、并针、中长针、长针、长长针等，参见图解

鞋子的编织方法

右脚的鞋子
用黄色线，钩13针锁针起针。

第1圈：在第1针锁针里钩1针锁针和3针短针，7针短针，1针中长针，3针长针，为了钩织另一边，7针短针，在最后1针锁针上钩7针长针，随后在锁针链上钩3针长针，1针中长针，在锁针链的第1针上钩2针短针，在最初的锁针上钩1针引拔针结束此圈。

第2~8圈：参照图解钩织，剪线。

左脚的鞋子
和右脚的鞋子用同样的方法钩织。

组合

每只鞋子
藏好线头。
将纽扣对称缝在鞋襻上。

鞋子

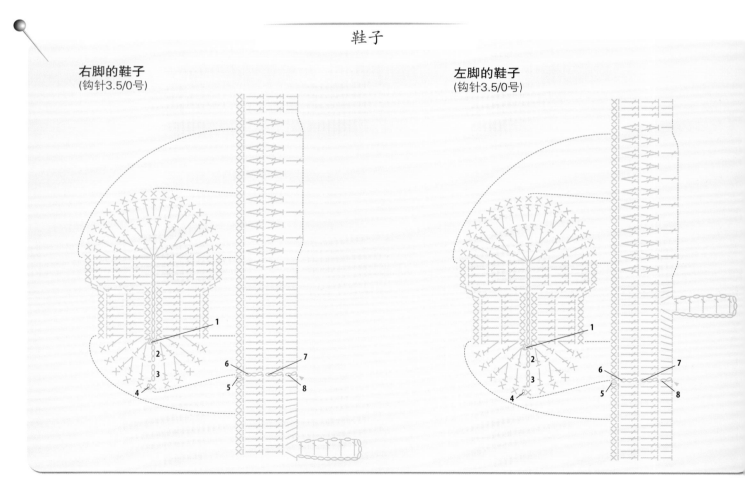

右脚的鞋子
(钩针3.5/0号)

左脚的鞋子
(钩针3.5/0号)

毛线帽的编织方法

用黄色线，环形绕线起针。

第1圈：立织3针锁针（=1针长针），11针长针，在最初的第3针锁针上钩1针引拔针结束此圈。

第2~18圈：参照图解钩织，剪线。

蝴蝶结

用粉色线，钩2针锁针起针。

第1圈：1针锁针，1针短针，为了钩织另一边，在最后1针锁针上钩（1针短针，4针锁针，5针长长针，4针锁针，1针短针），在锁针链的第1针上钩（1针短针，4针锁针，5针长长针），4针锁针，在最初的锁针上钩1针引拔针结束此圈，剪线。

组合

藏好线头。

用粉色线，在蝴蝶结中央绕几圈，然后将蝴蝶结缝在毛线帽粉色处（如图所示）。

帽子

帽子
（钩针3.5/0号）

■图解说明

◄ 剪线

◯ 环形绕线起针

○ **锁针：** 钩针挂线，将线从线圈中拉出。

‐ **引拔针：** 钩针插入前一行针目头部的2根线中，钩针挂线并引拔出。

× **短针：** 钩针插入锁针的里山，针上挂线并拉出。再次挂线，从钩针上的2个线圈中引拔出。

T **中长针：** 钩针挂线，插入锁针的里山，钩针再次挂线并拉出。再次挂线，从钩针上的3个线圈中一次性引拔出。

╪ **长针：** 钩针挂线，插入锁针的里山，钩针再次挂线并拉出。重复（钩针挂线，从2个线圈中一次性引拔出）。

╪ **长长针：** 钩针挂2次线，插入锁针的里山，钩针再次挂线并拉出。重复（钩针挂线，从2个线圈中一次性引拔出）。

Ａ **2针长针并1针：** 钩2针未完成的长针，钩针挂线，从针上的3个线圈中一次性引拔出。

▨ 黄色

■ 深灰色

▨ 粉色

蝴蝶结
（钩针3.5/0号）

西瓜甜甜

帽子周长：40厘米

鞋子的编织方法

左脚的鞋子

用绿色线，钩7针锁针起针。

第1圈： 在第1针锁针里钩3针锁针（=1针长针）和3针长针，5针长针，为了钩织另一边，在最后1针锁针上钩7针长针，随后在锁针链上钩5针长针，在锁针链的第1针上钩3针长针，在最初的第3针锁针上钩1针引拔针结束此圈。

第2~8圈： 参照图解钩织，剪线。

右脚的鞋子

和左脚的鞋子用同样方法钩织。

组合

每只鞋子

用粉色线，钩30针锁针起针作为鞋襻。

藏好线头。

将鞋襻的两端钩在鞋子的一侧，然后在另一侧缝上纽扣。

对称地将鞋襻两端钩在另一只鞋子上。

用黑色线，用直线绣在鞋面上绣3针。

小贴士： 对称地缝上另一只鞋子的纽扣。

鞋子

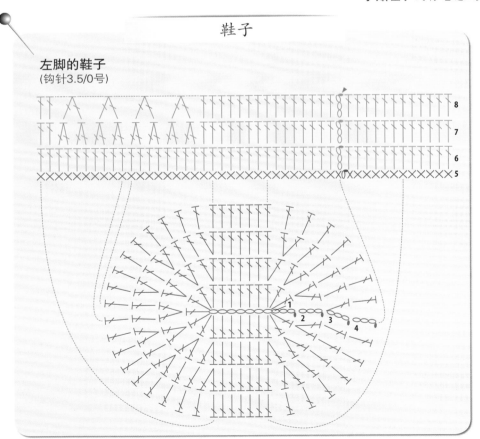

左脚的鞋子
(钩针3.5/0号)

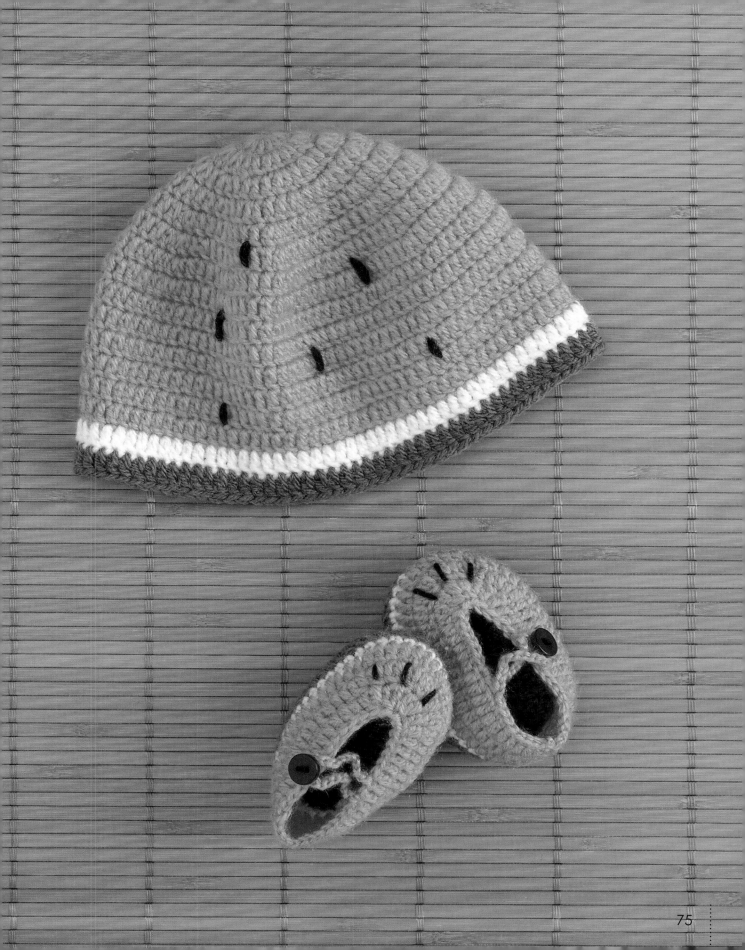

毛线帽的编织方法

用粉色线，环形绕线起针。

第1圈：立织3针锁针（=1针长针），11针长针，在最初的第3针锁针上钩1针引拔针结束此圈。

第2~16圈：参照图解钩织，剪线。

组合

藏好线头。

用黑色线，用直线绣在帽子上绣几针（如图所示）。

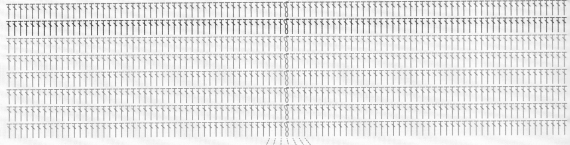

帽子

帽子
(钩针3.5/0号)

图解说明

◄ 剪线

⟳ 环形绕线起针

⊸ **锁针**：钩针挂线，将线从线圈中拉出。

- **引拔针**：钩针插入前一行针目头部的2根线中，钩针挂线并引拔出。

× **短针**：钩针插入锁针的里山，针上挂线并拉出。再次挂线，从钩针上的2个线圈中引拔出。

┬ **长针**：钩针挂线，插入锁针的里山，钩针再次挂线并拉出。重复（钩针挂线，从2个线圈中一次性引拔出）。

⋀ **2针长针并1针**：钩2针未完成的长针，钩针挂线，从针上的3个线圈中一次性引拔出。

■ 粉色
■ 白色
■ 绿色

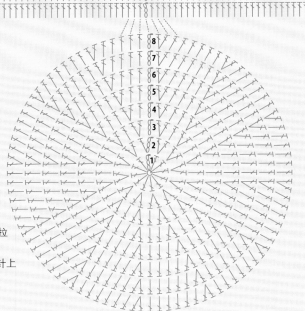

小舞蹈家

小舞蹈家

帽子周长：38厘米

材料和工具

- 棉线/ 1团：嫩粉色
- 100厘米长的嫩粉色棉细绳（鞋子）
- 70厘米长，1厘米宽的白点花纹粉色缎带（帽子）
- 100厘米长，1厘米宽的白点花纹粉色缎带（鞋子）
- 2朵粉色绸缎做的小花（鞋子）
- 钩针4/0号
- 和线粗细匹配的缝针、剪刀、布艺胶水（任意）

技法

- 钩针：锁针、引拔针、短针、中长针、长针、长长针、2针长长针并1针等，参见图解。

毛线帽的编织方法

用嫩粉色线，环形绕线起针。

第1圈：立织3针锁针（=1针长针），10针长针，在最初的第3针锁针上钩1针引拔针结束此圈。

第2~13圈：参照图解钩织，剪线。

组合

藏好线头。

在毛线帽第10圈位置穿一圈缎带，然后做1个漂亮的蝴蝶结。

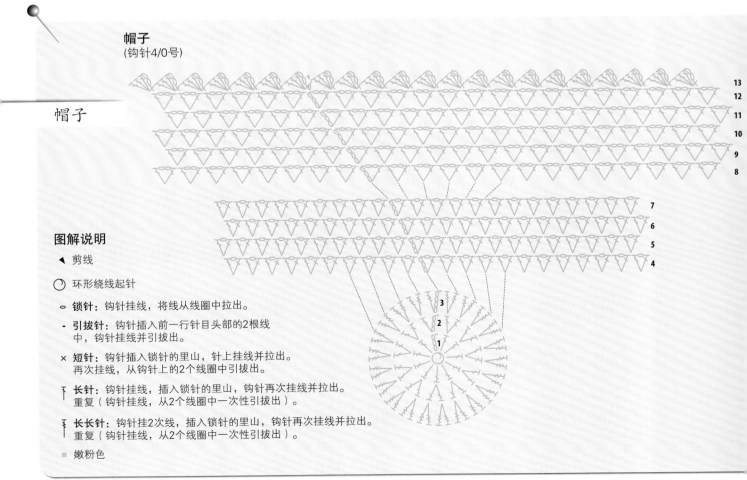

帽子
(钩针4/0号)

帽子

图解说明

◄ 剪线

⟳ 环形绕线起针

⊃ **锁针**：钩针挂线，将线从线圈中拉出。

- **引拔针**：钩针插入前一行针目头部的2根线中，钩针挂线并引拔出。

× **短针**：钩针插入锁针的里山，针上挂线并拉出。再次挂线，从钩针上的2个线圈中引拔出。

Ŧ **长针**：钩针挂线，插入锁针的里山，钩针再次挂线并拉出。重复（钩针挂线，从2个线圈中一次性引拔出）。

ŧ **长长针**：钩针挂2次线，插入锁针的里山，钩针再次挂线并拉出。重复（钩针挂线，从2个线圈中一次性引拔出）。

■ 嫩粉色

鞋子的编织方法

左脚的鞋子

用嫩粉色线，钩9针锁针起针。

第1圈：在第1针锁针上钩1针锁针和3针短针，4针短针，1针中长针，2针长针，为了钩织另一边，在最后1针锁针上钩7针长针，随后在锁针链上钩2针长针，1针中长针，4针短针，在锁针链的第1针上钩2针短针，在最初的锁针上钩1针引拔针结束此圈。

第2、3圈：参照图解钩织。

第4圈：1针锁针，在之前的一圈上钩49针短针，同时将1根棉细绳包住，在最初的锁针上钩1针引拔针结束此圈。

第5~7圈：参照图解钩织。

第8圈：将1针引拔针如图所示移动到前一针，翻转织片，钩4针锁针，4针长长针，剪线。

右脚的鞋子

和左脚的鞋子用同样的方法钩织。

组合

每只鞋子

藏好线头。

将花朵缝在鞋面中央。

将1根缎带穿过脚后跟。

左脚的鞋子
(钩针4/0针)

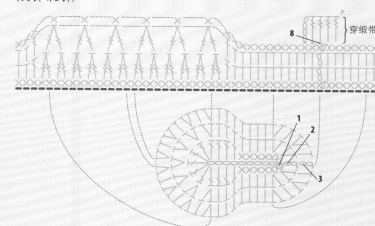

穿缎带

8

7
6
5
4 ← 钩49针短针，同时将棉细绳包住

图解说明

◀ 剪线

⊙ 环形绕线起针

⊃ **锁针**：钩针挂线，将线从线圈中拉出。

− **引拔针**：钩针插入前一行针目头部的2根线中，钩针挂线并引拔出。

✕ **短针**：钩针插入锁针的里山，针上挂线并拉出。再次挂线，从钩针上的2个线圈中引拔出。

丅 **中长针**：钩针挂线，插入锁针的里山，钩针再次挂线并拉出。再次挂线，从钩针上的3个线圈中一次性引拔出。

丰 **长针**：钩针挂线，插入锁针的里山，钩针再次挂线并拉出。重复（钩针挂线，从2个线圈中一次性引拔出）。

‡ **长长针**：钩针挂2次线，插入锁针的里山，钩针再次挂线并拉出。重复（钩针挂线，从2个线圈中一次性引拔出）。

⋀ **2针长长针并1针**：钩2针未完成的长长针，钩针挂线，从针上的3个线圈中一次性引拔出。

✕ 在前一圈上钩一圈短针，同时将细棉线包住一起钩。

■ 嫩粉色

葡萄串串

帽子周长：30厘米

鞋子的编织方法

左脚的鞋子

用紫罗兰色线，钩12针锁针起针。

第1圈： 在第1针锁针上钩1针锁针和3针短针，6针短针，1针中长针，3针长针，为了钩织另一边，在最后1针锁针上钩8针长针，随后在锁针链上钩3针长针，1针中长针，6针短针，在锁针链的第1针上钩2针短针，在最初的锁针上钩1针引拔针结束此圈。

第2~9圈： 参照图解钩织，剪线。

右脚的鞋子

和左脚的鞋子用同样的方法钩织。

鞋襻（2个）

用紫色线，钩15针锁针起针。

第1行： 立织3针锁针，15针长针，剪线。

钩2个相同的鞋襻。（每只鞋子1个）

叶子（4片）

和帽子的叶子的钩织方法一样。

钩4片相同的叶子。（每只鞋子2片）

图解说明

- ◂ 剪线
- o 锁针：钩针挂线，将线从线圈中拉出。
- - 引拔针：钩针插入前一行针目头部的2根线中，钩针挂线并引拔出。
- × 短针：钩针插入锁针的里山，针上挂线并拉出。再次挂线，从钩针上的2个线圈中引拔出。
- ⊤ 中长针：钩针挂线，插入锁针的里山，钩针再次挂线并拉出。再次挂线，从钩针上的3个线圈中一次性引拔出。
- ⊥ 长针：钩针挂线，插入锁针的里山，钩针再次挂线并拉出。重复（钩针挂线，从2个线圈中一次性引拔出）。
- A 2针长针并1针：钩2针未完成的长针，钩针挂线，从钩针上的3个线圈中一次性引拔出。
- ⋩ 短针的正拉针：在作品的反面水平向钩短针。

- ■ 紫罗兰色
- ■ 紫色

鞋子

左脚的鞋子
（钩针3.5/0号）

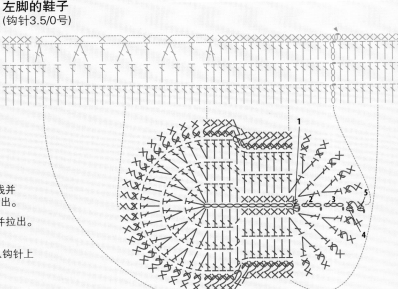

葡萄（4颗）

和毛线帽上的葡萄的钩织方法一样。
钩4颗相同的葡萄。（每只鞋子2颗）

组合

每只鞋子

用紫色线，在鞋底周围第4圈上钩1圈反短针，剪线。
藏好线头。
将鞋襻缝在鞋子上，如图将纽扣缝在鞋襻的两端。
将2片叶子和葡萄一起缝在鞋面的外侧。

小贴士：另一只鞋子的叶子和葡萄要对称缝上。

毛线帽的编织方法

用紫罗兰色线，环形绕线起针。
第1圈：立织3针锁针（=1针长针），11针长针，在最初的第3针锁针上钩1针引拔针结束此圈。
第2~17圈：参照图解钩织，剪线。

叶子（2片）

用绿色线，钩7针锁针起针。
第1圈：1针锁针，1针短针，1中针长针，3针长针，1针中长针，为了钩织另一边，在最后1针锁针上钩3针短针，随后在锁针链上钩1针中长针，3针长针，1中长针，在锁针链的第1针上钩2针短针，在最初的锁针上钩1针引拔针结束此圈。

葡萄（4颗）

用紫色线，环形绕线起针。
第1圈：1针锁针，6针短针，在最初的锁针上钩1针引拔针结束此圈。
第2圈：1针锁针，6针1针放2针短针，在最初的锁针上钩1针引拔针结束此圈。
第3、4圈：1针锁针，12针短针，在最初的锁针上钩1针引拔针结束此圈。塞进一个亚克力球（或者塞满填充棉）。
第5圈：1针锁针，6针2针短针并1针，在最初的锁针上钩1针引拔针结束此圈。
第6圈：1针锁针，6针短针，在最初的锁针上钩1针引拔针结束此圈。留很长一段线后剪断。将最后一圈的针收紧。
钩4颗相同的葡萄。

组合

藏好线头。
用藏针缝将叶子和葡萄一起缝在帽子上。

帽子

葡萄×4
(钩针3.5/0号)

塞入1个亚克
力球后收针

6
5
4
3
2
1

帽子
(钩针3.5/0号)

17
16
15
14
13
12
11
10
9
8
7

叶子×2
(钩针3.5/0号)

1

图解说明

◀ 剪线

◯ 环形绕线起针

○ **锁针**：钩针挂线，将线从线圈中拉出。

- **引拔针**：钩针插入前一行针目头部的2根线中，
  钩针挂线并引拔出。

× **短针**：钩针插入锁针的里山，针上挂线并拉出。
  再次挂线，从钩针上的2个线圈中引拔出。

T **中长针**：钩针挂线，插入锁针的里山，钩针再次挂线并
  拉出。再次挂线，从钩针上的3个线圈中一次性引拔出。

T **长针**：钩针挂线，插入锁针的里山，钩针再次挂线并拉出。
  重复（钩针挂线，从2个线圈中一次性引拔出）。

∨ **1针放2针短针**：在1个针目中钩2针短针。

✕ **反短针**：见p.108。

★ 剪1段长线，将它穿过最后一圈的每一针中，收紧。

■ 紫色
■ 紫罗兰色
■ 绿色

小小天使

帽子周长：44厘米

材料和工具

- 棉线/1团：白色丝光合成线
- 适量的棉线：粉色、绿色
- 数颗珠子，直径0.3厘米（鞋子）
- 100厘米长，1厘米宽的粉色蝉翼纱带（鞋子，每只50厘米）
- 100厘米长，1厘米宽的粉色蝉翼纱带（帽子）
- 钩针3/0号
- 和线粗细匹配的缝针、刺绣针，剪刀、布艺胶水（任意）

技法

- 钩针：锁针、引拔针、短针、放针、并针、中长针、长针、长针的反拉针、3针长针的枣形针，参见图解
- 刺绣：直线绣见p.110

鞋子的编织方法

左脚的鞋子

用粉色线，钩18针锁针起针。

第1圈： 在第1针锁针上钩1针锁针和2针短针，8针短针，1针中长针，7针长针，为了钩织另一边，在最后1针锁针上钩7针长针，随后在锁针链上钩7针长针，1针中长针，8针短针，在锁针链的第1针上钩2针短针，在最初的锁针上钩1针引拔针结束此圈。

第2~8圈： 参照图解钩织，剪线。

第9圈： 立织3针锁针（＝1针长针），16针长针，重复9次（1针锁针针，跳过1针，1针长针），翻转织片，立织3针锁针，6针长针，3针长针并1针，随着箭头翻转织片，重复7次（钩1针未完成的长针，不钩最后1针，适当地将钩针插入长针的第1针，完成长针）（注意：这一步是在鞋面上结束）。钩1针引拔针回到3针锁针，随后用长针完成这一圈，在最初的第3针锁针上钩1针引拔针结束此圈。

第10~13圈： 参照图解钩织，剪线。

右脚的鞋子

和左脚的鞋子用同样的方法钩织。

图解说明

- ◀ **剪线**
- ○ **锁针：** 钩针挂线，将线从线圈中拉出。
- - **引拔针：** 钩针插入前一行针目头部的2根线中，钩针挂线并引拔出。
- × **短针：** 钩针插入锁针的里山，针上挂线并拉出。再次挂线，从钩针上的2个线圈中引拔出。
- ┬ **中长针：** 钩针挂线，插入锁针的里山，钩针再次挂线并拉出。再次挂线，从钩针上的3个线圈中一次性引拔出。
- ╀ **长针：** 钩针挂线，插入锁针的里山，钩针再次挂线并拉出。重复（钩针挂线，从2个线圈中一次性引拔出）。
- ⋎ **1针放2针短针：** 在1个针目中钩2针短针。
- ∧ **2针长针并1针：** 钩2针未完成的长针，钩针挂线，从针上的3个线圈中一次性引拔出。
- ∫ **长针的反拉针：** 见p.109。
- ♠ **3针长针的枣形针：** 钩3针未完成的长针，钩针挂线，从针上的4个线圈中一次性引拔出。

- ■ 粉色
- ■ 白色

鞋子

左脚的鞋子
(钩针3/0号)

翻转织片，立织3锁针针，6针长针，3针长针并1针，随着箭头翻转织片，重复7次，钩1针未完成的长针，不钩最后1针，适当地将钩针插入长针的第1针，完成长针。

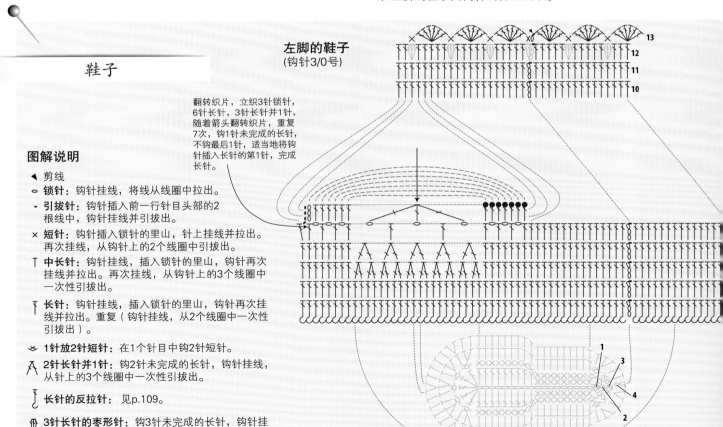

组合

每只鞋子

鞋底的周围： 在第4圈中长针空余的地方加上粉色线，将珠子都穿入粉色线，1针锁针，重复（穿过1个珠子，钩1针引拔针固定珠子，在第4圈的中长针上的两个空余锁针链上钩1针短针），在最初的锁针上钩1针引拔针结束此圈，剪线。

用绿色线，在粉色小花的底部用直线绣绣V字形。

藏好线头。

在鞋子第10圈处穿1根粉色蝉翼纱带，系出1个漂亮的蝴蝶结。

帽子的编织方法

用白色线，环形绕线起针。

第1圈： 立织3针锁针（＝1针长针），13针长针，在最初的第3

针锁针上钩1针引拔针结束此圈。

第2~19圈： 参照图解钩织，剪线。

第20圈： 重复7次（1针放针，1针长针，1针放针，1针长针），重复3次（2针放针，1针长针），重复2次（1针放针，1针长针），2针放针，1针长针（可以用3针锁针替换所有的第1针长针），在最初的第3针锁针上钩1针引拔针结束此圈。共158针长针。

第21圈： 钩织长针，均匀放4针，共162针。

第22~24圈： 参照图解钩织，剪线。

组合

藏好线头。

用绿色线，在粉色小花的底部用直线绣绣V字形叶子。

在帽子第19圈处穿1根粉色蝉翼纱带，系出1个漂亮的蝴蝶结。

遮阳帽

遮阳帽
(钩针3/0号)

提示：所有的针目都是未完成的状态

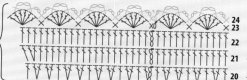

24
23
22
21 平均加4针（162针）
20 平均加60针（158针）

19
18
17
16
15
14
13
12
11
10
9
8

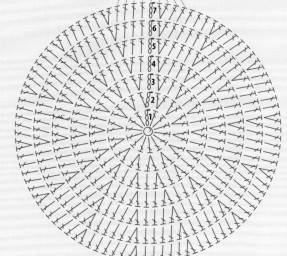

图解说明

◂ 剪线

◯ 环形绕线起针

⌒ **锁针**：钩针挂线，将线从线圈中拉出。

- **引拔针**：钩针插入前一行针目头部的2根
  线中，钩针挂线并引拔出。

× **短针**：钩针插入锁针的里山，针上挂线并拉出。
  再次挂线，从钩针上的2个线圈中引拔出。

† **长针**：钩针挂线，插入锁针的里山，钩针再次挂线并拉出。
  重复（钩针挂线，从2个线圈中一次性引拔出）。

⋀ **3针长针并1针**：钩3针未完成的长针，钩针挂线，从针上的4
  个线圈中一次性引拔出。

⋁ **1针放2针长针**：在1个针目中钩2针长针。

■ 白色

■ 粉色

花儿朵朵

帽子周长：46厘米

毛线帽的编织方法

用蓝灰色线，环形绕线起针。
第1圈： 立织5针锁针（=1针长针+2针锁针），重复8次（1针长针，2针锁针），在最初的5针锁针的第3针锁针上钩1针引拔针结束此圈。
第2~17圈： 参照图解钩织，剪线。

花朵（18朵）
用黄色线，环形绕线起针。
第1圈： 1针锁针，9针短针，在最初的锁针上钩1针引拔针结束此圈。
第2、3圈： 参照图解钩织，剪线。
钩相同的18朵花。

组合

藏好线头。
如图用藏针缝将花朵缝在帽子上。

帽子
(钩针3.5/0号)

提示：所有的针目都是未完成的状态

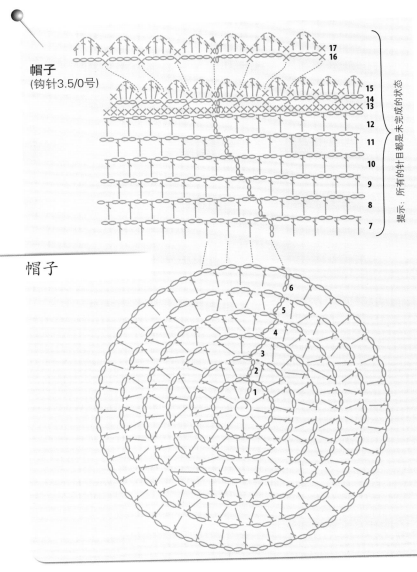

帽子

花朵×18
(钩针3.5/0号)

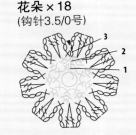

图解说明

◀ 剪线

◯ 环形绕线起针

○ **锁针：** 钩针挂线，将线从线圈中拉出。

‐ **引拔针：** 钩针插入前一行针目头部的2根线中，钩针挂线并引拔出。

✕ **短针：** 钩针插入锁针的里山，针上挂线并拉出。再次挂线，从钩针上的2个线圈中引拔出。

↑ **长针：** 钩针挂线，插入锁针的里山，钩针再次挂线并拉出。重复（钩针挂线，从2个线圈中一次性引拔出）。

✓ **1针放2针短针：** 在1个针目中钩2针短针。

↑ **长长针：** 针上挂线2次，插入锁针的里山，钩针再次挂线并拉出。重复（钩针挂线，从2个线圈中一次性引拔出）。

■ 蓝灰色
■ 黄色
■ 白色

鞋子的编织方法

右脚的鞋子

钩12针锁针起针。

第1圈：在第1针锁针上钩1针锁针和3针短针，4针短针，1针中长针，5针长针，为了钩织另一边，在最后1针锁针上钩7针长针，随后在锁针链上钩5针长针，1针中长针，4针短针，在锁针链的第1针上钩2针短针，在最初的锁针上钩1针引拔针结束此圈。

第2~7圈：参照图解钩织，剪线。

第8行（鞋襻）：在箭头指定的地方钩1针引拔针加线，10针锁针，5针锁针（扣眼），在10针锁针上钩10针长针，在鞋口的最后一圈上钩22针长针，剪线。

左脚的鞋子

和右脚的鞋子用同样的方法钩织。

花朵（2朵）

和帽子上的花朵钩法一样，钩2朵相同的花。

组合

每只鞋子

藏好线头。

用藏针缝将花朵缝在鞋面上。

将纽扣对称缝在扣眼处。

鞋子

图解说明

◂ 剪线

◁ 加线

◯ 环形绕线起针

⊖ **锁针**：钩针挂线，将线从线圈中拉出。

– **引拔针**：钩针插入前一行针目头部的2根线中，钩针挂线并引拔出。

✕ **短针**：钩针插入锁针的里山，针上挂线并拉出。再次挂线，从钩针上的2个线圈中引拔出。

T **中长针**：钩针挂线，插入锁针的里山，钩针再次挂线并拉出。再次挂线，从钩针上的3个线圈中一次性引拔出。

T **长针**：钩针挂线，插入锁针的里山，钩针再次挂线并拉出。重复（钩针挂线，从2个线圈中一次性引拔出）。

⋀ **2针长针并1针**：钩2针未完成的长针，钩针挂线，从针上的3个线圈中一次性引拔出。

⋉ **短针的条纹针**：挑取前一行短针头部的后半针钩织短针。

⋏ **2针短针并1针**：钩2针未完成的短针，钩针挂线，从针上的3个线圈中一次性引拔出。

■ 蓝灰色

■ 黄色

■ 白色

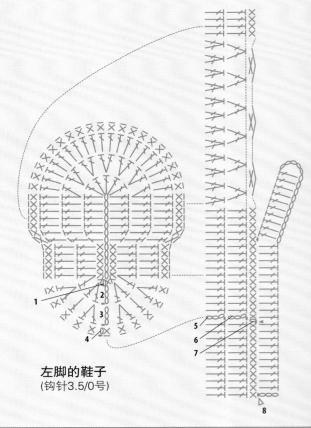

右脚的鞋子
（钩针3.5/0号）

左脚的鞋子
（钩针3.5/0号）

雏菊盛开

帽子周长：32厘米

材料和工具

- 棉线/各1团：绿松石色、白色
- 适量的棉线：黄色
- 100厘米长的白色硬细棉绳（鞋子）
- 3个瓢虫小装饰
- 钩针3.5/0号、4/0号
- 和线粗细匹配的缝针、剪刀、布艺胶水（任意）

技法

- 钩针：锁针、引拔针、短针、放针、中长针、长针、2针长针并1针、长长针等，参见图解

毛线帽的编织方法

用3.5/0号钩针钩织，用绿松石色线，环形绕线起针。

第1圈：立织3针锁针（=1针长针），12针长针，在最初的第3针锁针上钩1针引拔针结束此圈。

第2~14圈：参照图解钩织，剪线。

小雏菊

注意：用4/0号钩针钩织，2根线并为1股。

用黄色线，环形绕线起针。

第1圈：1针锁针，11针短针，在最初的锁针上钩1针引拔针结束此圈。

第2圈：用白色线，1针锁针，重复11次（在前1针上钩1针短针，6针锁针，1针锁针，为了翻转钩针，在锁针链上钩1针短针，5针长针），在最初的锁针上钩1针引拔针结束此圈，剪线。

组合

藏好线头。
缝上小雏菊。
将瓢虫粘在小雏菊上。

帽子

帽子
(钩针3.5/0号)

提示：所有针目都是未完成状态

小雏菊
(钩针4/0号)

鞋子的编织方法

注意： 两只鞋子都用3.5/0号钩针钩织。

左脚的鞋子

用绿松石色线，钩13针锁针起针。

第1圈： 在第1针锁针上钩1针锁针和3针短针，7针短针，1针中长针，3针长针，为了钩织另一边，在最后1针锁针上钩8针长针，随后在锁针链上钩3针长针，1针中长针，7针短针，在锁针链的第1针上钩2针短针，在最初的锁针上钩1针引拔针结束此圈。

第2~9圈： 参照图解钩织，剪线。

右脚的鞋子

和左脚的鞋子用相同的方法钩织。

小花（2朵）

用黄色线，环形绕线起针。

第1圈： 1针锁针，12针短针，在最初的锁针上钩1针引拔针结束此圈，剪线。

第2圈： 用白色线，1针锁针，重复6次（1针短针，3针锁针，在随后一针上钩2针长长针，3针锁针，跳过1针），在最初的锁针上钩1针引拔针结束此圈，剪线。

钩2朵相同的花。（每只鞋子1朵）

组合

每只鞋子

藏好线头。

将小花缝在鞋面上。

将瓢虫粘在小花上。

鞋子

左脚的鞋子
(钩针3.5/0号)

用第4圈的59针短针包住棉硬细绳

图解说明

◀ 剪线

◯ 环形绕线起针

◦ **锁针：** 钩针挂线，将线从线圈中拉出。

• **引拔针：** 钩针插入前一行针目头部的2根线中，钩针挂线并引拔出。

✕ **短针：** 钩针插入锁针的里山，针上挂线并拉出。再次挂线，从钩针上的2个线圈中引拔出。

T **中长针：** 钩针挂线，插入锁针的里山，钩针再次挂线并拉出。再次挂线，从钩针上的3个线圈中一次性引拔出。

┇ **长针：** 钩针挂线，插入锁针的里山，钩针再次挂线并拉出。重复（钩针挂线，从2个线圈中一次性引拔出）。

┋ **长长针：** 针上挂2次线，插入锁针的里山，钩针再次挂线并拉出。重复（钩针挂线，从2个线圈中一次性引拔出）。

∧ **2针长针并1针：** 钩2针未完成的长针，钩针挂线，从针上的3个线圈中一次性引拔出。

✕ 在前一圈上钩一圈短针，同时用硬细棉绳一起钩一圈。

■ 绿松石色
□ 黄色
■ 白色

小花×2
(钩针3.5/0号)

美好时光

帽子周长：32厘米

材料和工具

- 棉线／1团：乳白色
- 适量的棉线：栗色、橘色、红色、蓝色
- 100厘米长白色棉硬细绳（鞋子）
- 钩针3.5/0号
- 和线粗细匹配的缝针、剪刀、布艺胶水（任意）

技法

- 钩针：锁针、引拔针、短针、长针、并针、放针、长长针、3卷长针、4卷长针，参见图解

鞋子的编织方法

左脚的鞋子

用栗色线，钩12针锁针起针。

第1圈：在第1针锁针上钩3针锁针（=1针长针）和3针长针，10针长针，为了钩织另一边，在最后1针锁针上钩7针长针，随后在锁针链上钩10针长针，在锁针链的第1针上钩3针长针，在最初的第3针锁针上钩1针引拔针结束此圈。

第2~7圈：参照图解钩织，剪线。

右脚的鞋子

和左脚的鞋子用同样的方法钩织。

花朵（2朵）

和毛线帽一样钩2个花片a，2个花片b，2个花片c，2个花蕊。（每只鞋子1朵）

组合

每只鞋子

藏好线头。

将花朵如图缝在鞋面上。

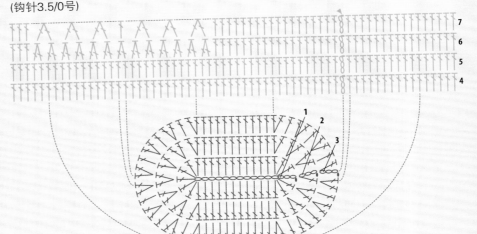

鞋子

左脚的鞋子
(钩针3.5/0号)

图解说明

◀ 剪线

○ 锁针：钩针挂线，将线从线圈中拉出。

┬ 长针：钩针挂线，插入锁针的里山，钩针再次挂线并拉出。重复（钩针挂线，从2个线圈中一次性引拔出）。

Λ 2针长针并1针：钩2针未完成的长针，钩针挂线，从针上的3个线圈中一次性引拔出。

▪ 乳白色
■ 栗色

毛线帽的编织方法

用乳白色线，环形绕线起针。

第1圈： 立织3针锁针（=1针长针），12针长针，在最初的第3针锁针上钩1针引拔针结束此圈。

第2~22圈： 参照图解钩织，剪线。

花片A

用红色线，环形绕线起针。

第1圈： 1针锁针，重复5次（1针短针，3针锁针，2针长长针，3针锁针），在最初的锁针上钩1针引拔针结束此圈，剪线。

花片B

用橘色线，环形绕线起针。

第1圈： 1针锁针，重复5次（1针短针，4针锁针，2针3卷长针，4针锁针），在最初的锁针上钩1针引拔针结束此圈，剪线。

花片C

用栗色线，环形绕线起针。

第1圈： 1针锁针，重复5次（1针短针，5针锁针，3针4卷长针，5针锁针），在最初的锁针上钩1针引拔针结束此圈，剪线。

花蕊

用蓝色线，环形绕线起针。

第1圈： 立织3针锁针（=1针长针），11针长针，在最初的第3针锁针上钩1针引拔针结束此圈。留一大段线，剪线。将线穿过一圈，收紧。

注意： 在收紧之前，将多余的线塞进花蕊中。

组合

藏好线头。

将3个花片叠放在一起（最小的一个放在最上面），将花蕊缝在花朵的中央，将花朵缝在帽子上。

帽子

帽子
(钩针3.5/0号)

22
21
20
19
18
17
16
15
14
13
12
11
10
9
8

7
6
5
4
3
2
1

图解说明

◀ 剪线

⊙ 环形绕线起针

⌒ **锁针**：钩针挂线，将线从线圈中拉出。

- **引拔针**：钩针插入前一行针目头部的2根线中，钩针挂线并引拔出。

× **短针**：钩针插入锁针的里山，针上挂线并拉出。再次挂线，从钩针上的2个线圈中引拔出。

∱ **长针**：钩针挂线，插入锁针的里山，钩针再次挂线并拉出。重复（钩针挂线，从2个线圈中一次性引拔出）。

∮ **长长针**：针上挂2次线，插入锁针的里山，钩针再次挂线并拉出。重复（钩针挂线，从2个线圈中一次性引拔出）。

∮ **3卷长针**：针上挂3次线，插入锁针的里山，钩针再次挂线并拉出。重复2次针上挂线，从2个线圈中一次性引拔出。

∮ **4卷长针**：针上挂4次线，插入锁针的里山，钩针再次挂线并拉出。重复2次针上挂线，从2个线圈中一次性引拔出。

∧ **2针长针并1针**：钩2针未完成的长针，钩针挂线，从针上的3个线圈中一次性引拔出。

■ 乳白色
■ 红色
■ 橘色
■ 栗色

花片A
(钩针3.5/0号)

1

花片B
(钩针3.5/0号)

1

花片C
(钩针3.5/0号)

1

暖意融融

帽子周长：40厘米

材料和工具

- 棉线/各1团：石油蓝色、棕色花线
- 钩针4/0号
- 和线粗细匹配的缝针、剪刀、布艺胶水（任意）

技法

- 钩针：锁针、引拔针、短针、中长针、长针、放针、并针，参见图解
- 绒球：见p.111

组合

将毛线帽压平，为了凸显帽子的顶部，用棕色花线将边缘用一行引拔针缝合。

藏好线头。

用2种颜色的毛线，制作2个绒球，直径大约为8厘米，将绒球缝在帽顶的两端。

毛线帽的编织方法

用棕色花线，钩78针锁起针，钩1针引拔针连成环形。

第1~31圈：1针锁针，78针短针，在最初的锁针上钩1针引拔针结束此圈，剪线。

注意： 第1圈、第2圈、第30圈、第31圈用棕色花线钩织，其余用石油蓝色线钩织。

帽子

帽子
(钩针4/0号)

31
30
29
28
27
26
25
24
23
22
21
20
19
18
17
16
15
14
13
12
11
10
9
8
7
6
5
4
3
2
1

用引拔针结束此78针的环